改訂版

大学入学共通テスト

化学 予想問題集

東進ハイスクール・東進衛星予備校講師
代々木ゼミナール講師
岸 良祐

＊この本は，2020年2月に小社より刊行された『大学入学共通テスト　化学予想問題集』の改訂版です。

KADOKAWA

はじめに

2021年度より，従来の「センター試験」に代わり，「大学入学共通テスト」（以下，共通テスト）が実施されるようになりました。本書は，2回分の試行調査問題および実際に行われた共通テストを徹底的に分析し，「共通テスト 化学」の対策をするために作成したものです。「共通テスト 化学」では，何か特別な問題が出題されるかというと，そうではありません。教科書の内容をきちんと学習していけば，無理なく解くことができる問題となっています。

ただし，従来の「センター試験 化学」と大きく異なる点として，**“その場で考えて解く”必要がある問題の割合が増加している**ことが挙げられます。たとえば，共通テスト第1日程・第3問の問3では，教科書では扱われていない，シュウ酸イオンを配位子とした鉄の錯イオンを題材とした問題が出題されました。扱われている物質は受験生にとって見慣れないものの，**問題文に書かれている説明をよく読めば，実験の内容を理解し，解答を導くことができる**設定になっていました。このような問題は，普段“前に解いた問題を思い出して解く”ような勉強をしている人には解くことができません。その場で頭を使い，解答を導く必要があるのです。

そこで，本書は，実際に行われた共通テストの問題と，3回分のオリジナル予想問題を用いて，“その場で考えて解く”習慣を身につけられるように構成されています。化学を勉強していく上で最も大切なことは，各分野で学習する化学現象をきちんと理解し，頭の中で想像する（イメージする）ことです。そうすれば，初めて見る問題であっても，“その場で考えて解く”ことができるようになります。

是非，この一冊を用いて「共通テスト 化学」に向けて万全な対策を行っていきましょう！

最後に，本書の作成に携わって下さった，山崎様をはじめとした㈱ KADOKAWA 編集部の皆様に，心より感謝いたします。

岸　良祐

改訂版　大学入学共通テスト 化学予想問題集　もくじ

分析編

解答・解説編

別　冊

この本の特長と使い方

【この本の構成】 以下が，この本の構成です。

別　冊

- 「問題編」：2021年に実施された共通テスト(第1日程)の問題と，オリジナル予想問題3回分の計4セットからなります。

本　冊

- 「分析編」：共通テストの傾向を分析するだけでなく，**具体的な勉強法**などにも言及しています。
- 「解答・解説編」：単なる問題の説明に留まらず，共通テストで問われる「思考力」の養成に役立つ**実戦的な説明**がなされています。

【「解答・解説編」の構成】 以下が，大問ごとの解説に含まれる要素です。

- 難易度表示：易／やや易／標準／やや難／難 の5段階です。
- 解説：小問単位で書かれています。
  - 小問のタイトル：**小問ごとのねらい**や**出題意図**を示しています。
  - 難易度表示：大問ごとの難易度表示と同じく，易／やや易／標準／やや難／難 の5段階です。
  - 思：「思考力・判断力・表現力」を必要とする設問に付されています。
  - 解説文：大手予備校の東進ハイスクールで実力派講師として絶大な支持を得る岸先生が，試験本番で働かせるべき**思考回路に忠実な解き方**を教えてくれます。
  - 解法のポイント：共通テストで出題が予想される問題形式について，知っておくと役に立つ着眼点や解答を導く際の考え方を解説しています。

【この本の使い方】 共通テストは，単純な知識や決まりきった解き方だけを覚えても得点できない試験です。この本の解説を，設問の正解・不正解にかかわらず**完全に理解できるまで何度も読み返す**ことにより，センター試験時代以上に重視されている「思考力」を身につけていってください。

分析編

共通テストはセンター試験とココが違う

【出題分野】「共通テスト 化学」は，**高等学校で学習する『化学基礎』と『化学』の教科書からの出題**となります。これらの教科書から100点分の問題がまんべんなく出題されるので，出題範囲は他教科と比べて広いといえます。ただし，これは従来の「センター試験 化学」と同様であり，**特に出題範囲が変化したわけではありません。**

【出題分量】 第1回共通テスト(第1日程)では，大問5題，設問数18，マーク数29でした。従来の「センター試験 化学」と比べると，設問数は同程度ですが，「はじめに」でも触れたように，“その場で考えて解く”必要がある問題が増えているため，**時間的にはほとんど余裕のない試験になる**ことが予想されます。

【難易度】 第1回共通テスト(第1日程)では，従来の「センター試験 化学」よりは，やや難易度の高い問題の出題も見られました。ただし，私立大学や国公立大学の個別試験も含めた，一般的な大学入試問題としては，標準的な問題であったといえます。つまり，多くの受験生にとって手が出ないような**難問が出題されるわけではなく，標準的な問題をきちんと“考えて解く”力が身についていれば，無理なく解答できる問題**です。

共通テスト・第１日程の大問別講評

＊併せて，別冊に掲載されている問題も参照してください。

第1問　標準　出題分野…「理論化学」

蒸気圧曲線を正しく理解できているかを問う思考問題

問１は，金属元素の性質に関する問題で，硫酸塩の水への溶解性が整理できていたかがポイントでした。**問２**は，体心立方格子に関する文字式を用いた計算問題で，単位格子に含まれる原子数が２個であることを基に解答できます。**問３**は，物質の溶媒への溶解や分子間力に関する問題でしたが，単に知識を問うだけでなく，溶解や分子間力に関する現象を正しく理解できていないと解答できない設問でした。**問４**は，蒸気圧(飽和蒸気圧)に関する問題でした。**a**は，体積を５倍にしたときの圧力を求める必要があります。**b**は，100 ℃に達したときの圧力を求めることで解答できます。

第2問　標準　出題分野…「理論化学」

与えられた図を参考にして解答を導く思考問題

問１は，光が関わる化学反応や現象に関する基本的な知識を問う正誤問題でした。**問２**は，空気亜鉛電池に関する問題で，空気中の酸素が取り込まれたことで質量が増加したことに気づけたかがポイントでした。**問３**は，氷の昇華と分子間力に関する問題でした。**a**は，状態図を描いて考えればすぐに解答できます。**b**は，氷の結晶中の水分子 1 mol あたりに含まれる水素結合の物質量が把握できたかがポイントでした。**c**は，与えられたエネルギー図をうまく利用すれば，素早く解答できます。

第3問　やや難　出題分野…「無機物質」

教科書では扱われていない物質を用いた実験考察問題

問１は，塩化ナトリウムの溶融塩電解(融解塩電解)に関する正誤問題でした。陽極と陰極で起こる反応が分かれば解答できます。**問２**は，両性金属に関する問題でした。Pb と希硫酸の反応や，同族元素に関する知識が盲点になっていた受験者もいたのではないでしょうか。**問３**は，鉄イオンとシュウ酸イオンによる錯イオンを題材とした問題でした。**a**は，鉄(Ⅱ)イオンに関する基本的な知識を基に解答できます。**b**は，式(1)を基に解答することになりますが，単に係数を読み取ればよいわけではなく，思考力が必要な問題でした。**c**は，実験の流れを正しく理解できていないと解答するのが難しい問題でした。

第4問 標準　出題分野…「有機化合物」,「高分子化合物」

脂肪族化合物，芳香族化合物，高分子化合物の広範囲から出題

問1は，芳香族化合物の反応に関する正誤問題で，代表的な芳香族化合物の反応が整理できていたかがポイントでした。**問2**は，油脂に関する正誤問題でした。けん価やヨウ素価に関する記述は戸惑った受験者も多かったと思いますが，下線部以外の部分で定義が説明されているので，落ち着いて考えれば正誤を判断できます。**問3**は，炭素数5のアルコールに関する問題でした。**a**は，アルコールの酸化反応に関する基本的な知識を基に解答できます。**b**は，アルコールの脱水反応によって得られるアルケンにシス-トランス異性体が存在するかが判断できたかがポイントでした。**問4**は，高分子化合物に関する基本的な正誤問題でした。**問5**は，ポリペプチド鎖のらせんの長さを求める問題でした。ポリペプチド鎖Aを構成するアミノ酸Bの数を求める際，アミノ酸Bが脱水縮合していることを踏まえて計算できたかがポイントでした。

第5問 やや難　出題分野…「理論化学」,「有機化合物」,「高分子化合物」

「化学平衡」と「糖類」の分野をまたいだ総合問題

問1は，α-グルコースとβ-グルコースの変換に関する問題でした。**a**は，「α-グルコースの物質量＋β-グルコースの物質量＝グルコース全体の物質量」の関係が成り立つことが分かれば，単純な問題でした。**b**も**a**と同様に，「α-グルコースの物質量＋β-グルコースの物質量＝グルコース全体の物質量」の関係から解答できます。**c**は，20℃におけるこの反応の平衡定数を求められたかがポイントでした。**問2**は，メチル化したグルコースに関する問題でした。1位の$-$OHをメチル化する前後で，グルコースにどのような性質の違いが生じるかを考える必要がある良問でした。**問3**は，グルコースの分解によって得られる炭素数1の2つの化合物に関する問題でした。**a**は，Yが還元性を示すこと，Yが還元剤としてはたらく(つまり酸化される)とZとなることを基に解答できます。**b**は，グルコースに含まれていた炭素原子がすべてYとZ(ともに炭素数1の化合物)に変化したことから解答できます。

共通テストで求められる学力

【出題のねらい】 主に以下の3つの学力を計る出題だといえます。

- **問題文を読んで，その場で考える力**

第1回共通テストでは，教科書で扱われていない物質を題材にした問題の出題も見られましたが，これらは，問題文の中に解答する上での考え方やヒントが書かれており，それを基にして，その場で対応する力が求められた問題です。

- **高校化学で学習する基本的な知識の構築**

先に述べた“その場で考える力”も必要ですが，高校化学で学習する範囲で，最低限覚えておくべき知識を身につけておくことも重要です。『共通テスト 化学』で求められる知識のレベルは，『センター試験 化学』と同程度と考えてよいと思います。

- **図や表・グラフから情報を読み取り，問題を解決する力**

問題文に与えられた“図”や“表・グラフ”から，解答を導くために必要な情報を読み取る力が求められます。たとえば，試験は紙面上で行うものですが，実際に実験を行った場合を想定し，結果として得られた数値を用いて考察することができるかなどが試されます。

【問題の解き方】 主に以下の3つに留意して解く必要があります。

- **問題文をよく読み，その内容を基にして解答を導く**

初めて見るような内容の問題が出題されることが予想されます。そのようなときは，これまでに解いたことがある問題の解法を思い出すような思考回路ではなく，**問題の文章をよく読み，それを基にその場で解答を導く**ようにしましょう。

- **確実に正文，誤文になる選択肢を見つける**

正誤問題などでは，一見すると正文のような誤文を用意してきます。『なんとなく正文っぽいな…。』など，曖昧な選択肢は後回しにして，まずは，**確実に正文，誤文が判断できるもの**を見つけていきましょう。

- **表やグラフのデータから，解答に必要な情報を読み取る**

“表”や“グラフ”のデータは，必ずしもそのすべてが解答に必要なわけではありません。**解答するのに必要な情報だけを“表”や“グラフ”から読み取る**という姿勢でいましょう。

共通テスト対策の具体的な学習法

● **全単元の学習を早期に仕上げる**

まず，出題範囲が広いため，いかに早期に教科書の学習を終えられるかがポイントになります。学習進度は高校によってさまざまですが，できれば高3の夏までには，一通りの学習を済ませておきたいところです。

● **まずは過去問をじっくりと1題ずつ解いてみる**

学習済みの範囲の問題だけでも構わないので，まずは時間を気にせず過去問を1題ずつじっくりと解いてみましょう。敵のレベルがわからなければ，対策のしようがないので，まずは自分で解いてみることで，問題のレベルを実感してください。

● **問題集などを活用し，標準レベルの問題演習を積む**

“その場で考えて解く”問題が多いため，60分で大問5題を解き終えるには，かなりのスピードが要求されます。その対策として，まずは，標準レベルの入試問題を解くことに対してある程度は慣れることが必要です。この際，解き方を単に覚えるような学習ではなく，それぞれの問題の中で問われている化学現象を理解しながら解くように心がけてください。

● **リード文が長い問題を解く訓練をする**

教科書に記載されている問題や市販の問題集には，短文で構成されたものが多く見られます。しかし，『共通テスト 化学』では，比較的長い文章を読み，その内容を基にして解答を導くタイプの問題も出題されるため，標準レベルの私立大学や国公立大学の個別試験の過去問などを使い，リード文が長い問題を解く訓練をしておく必要があります。

● **予想問題などを利用して60分で解ききる訓練をする**

本番の時期が近づいてきたら，“60分で解ききる”訓練をしていきましょう。やはり，最後は，時間との戦いです。『解ける問題だったのに，本番では時間がなかった…。』というのは，一番もったいないことです。試験本番で『時間が足りなかった…。』ということのないように，十分な練習を積んでおきましょう！

解答・解説編
2021年1月実施　共通テスト・第1日程

解　答

問題番号(配点)	設問	解答番号	正解	配点
第1問 (20)	1	1	1	4
	2	2	5	4
	3	3	2	4
	4	4	4	4*
		5	2	
		6	1	4
第2問 (20)	1	7	3	4
	2	8	3	4
	3	9	1	4
		10	2	4
		11	4	4
第3問 (20)	1	12	3	4
	2	13	3	2
		14	4	2
	3	15	3	4
		16	1	4
		17	4	4

問題番号(配点)	設問	解答番号	正解	配点
第4問 (20)	1	18	1	4
	2	19	3	3
	3	20	3	3
		21	2	3
	4	22	1	3
	5	23	2	4
第5問 (20)	1	24	4	4
		25	2	3
		26	4	3
	2	27	1	3
	3	28	4	4
		29	1	3

（注）　＊は，両方正解の場合のみ点を与える。

第1問 金属元素，結晶格子，物質の溶解と分子間力，蒸気圧（飽和蒸気圧）

解法のポイント

問1 金属元素の原子が安定なイオンとなったときの価数，および Mg とアルカリ土類金属に関する基本的な知識を基に判断する。

問2 体心立方格子の単位格子の図が与えられていないため，その構造を覚えておく必要がある。また，結晶格子の密度〔g/cm^3〕が「単位格子内の原子の質量〔g〕÷単位格子の体積〔cm^3〕」で表すことができることを利用して，アボガドロ定数を求める式をつくればよい。

問3 物質の溶解，および分子間にはたらく引力に関する知識を基に判断する。Ⅲの記述は，液体分子が気体に変化するときの現象を正しく捉えられていれば判断できる。

問4 a は，**体積を 5 倍にしたときの圧力を求めることができるかがポイントである。** b は，0 ℃ および 100 ℃ の状態において，0.024 mol の C_2H_5OH がすべて気体として存在すると仮定したときの圧力を求め，**液体の C_2H_5OH が存在するか否かを判断する**必要がある。

設問解説

問1 【金属元素】 1 正解：① やや易

ア　選択肢の元素のうち，2 価の陽イオンになりやすいものは，Mg と Ba である。

イ　周期表の 2 族元素のうち，第 3 周期以降の元素（Ca，Sr，Ba，…）をアルカリ土類金属という。下の表は，Mg とアルカリ土類金属の性質をまとめたものである。

	炎色反応	空気	水との反応	水酸化物	炭酸塩	硫酸塩
Mg	示さない	徐々に酸化され光沢を失う	熱水と反応	弱塩基	水に不溶	水に可溶
アルカリ土類金属	示す	速やかに酸化されて光沢を失う	常温の水と反応	強塩基	水に不溶	水に不溶

よって，$MgSO_4$ は水に溶けやすく，$BaSO_4$ は水に溶けにくい。

以上より，①が正解である。

問 2 【結晶格子】 2 **正解**：⑤ 標準

下図は，体心立方格子の単位格子を示したものである。図より，単位格子に含まれる原子数は$\left(\frac{1}{8}\times 8+1=\right)2$ 個である。

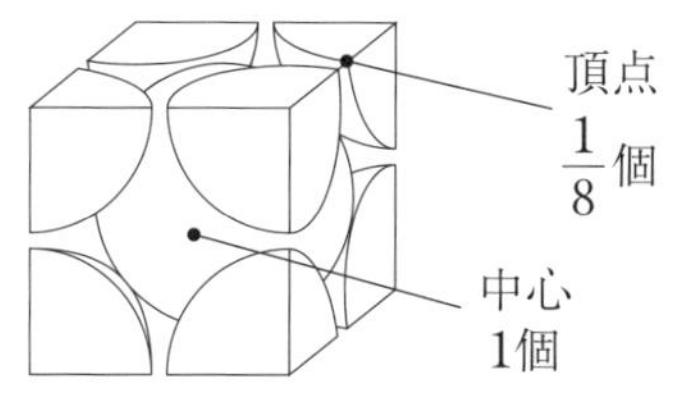

これより，単位格子に含まれる原子の質量は，アボガドロ定数 N_A〔/mol〕とモル質量 M〔g/mol〕を用いると，次の式で表される。

$$\frac{2}{N_A\,[\mathrm{/mol}]}\times M\,[\mathrm{g/mol}]=\frac{2M}{N_A}\,[\mathrm{g}]$$

よって，この結晶の密度 d〔g/cm³〕を表す式は，

$$d\,[\mathrm{g/cm^3}]=\frac{\frac{2M}{N_A}\,[\mathrm{g}]}{L^3\,[\mathrm{cm^3}]}=\frac{2M}{L^3 N_A}\,[\mathrm{g/cm^3}]$$

であり，N_A を表す式は，

$$N_A=\frac{2M}{L^3 d}$$

である。

以上より，⑤が正解である。

問 3 【物質の溶解と分子間力】 3 **正解**：② 標準

Ⅰ…正　一般に，ヘキサン C_6H_{14} などの炭化水素は，分子の極性が小さく極性溶媒である水とは混ざりにくい。

Ⅱ…正　ナフタレン $C_{10}H_8$ とヘキサンはともに炭化水素であり，互いによく混ざり合う。このとき，これらの分子間には分子間力がはたらいている。

Ⅲ…誤　液体の分子が気体に変化するときは，周りの分子との間にはたらく分子間力を振り切って飛び出していく。よって，液体を構成する分子の分子間力が大きいほど気体になりにくく，沸点が高い。

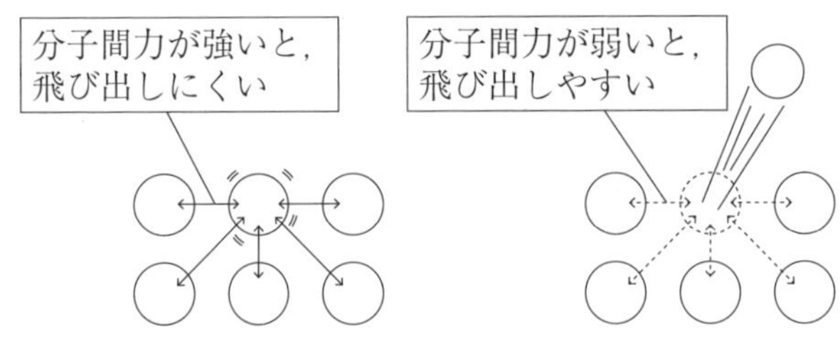

以上より，②が正解である。

問4 【蒸気圧（飽和蒸気圧）】 4 5 **正解**：④，② 標準
6 **正解**：① やや難

a 温度を90℃に保ちながら体積を5倍にすると，圧力は$\frac{1}{5}$倍になる。

よって，体積を変化させた後の圧力は，

$$1.0\times10^5\,\text{Pa}\times\frac{1}{5}=0.20\times10^5\,\text{Pa}$$

である。この圧力を保ちながら温度を下げていくと，図1の蒸気圧曲線より，42℃に達したところで凝縮し始める。

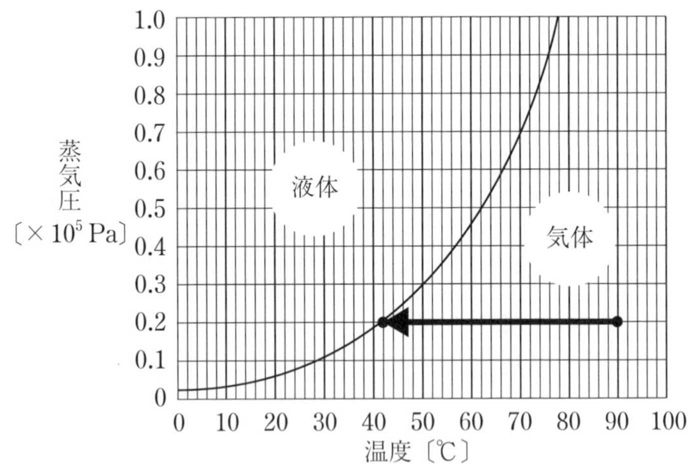

以上より，4 は④，5 は②が正解である。

b　0℃において，0.024 mol の C_2H_5OH がすべて気体として存在すると仮定したときの圧力は，

$$\frac{0.024 \times 8.3 \times 10^3 \times 273}{1.0} \fallingdotseq 0.54 \times 10^5 \text{ Pa}$$

であり，この圧力は図 2 から読み取れる 0℃の蒸気圧を大きく上回っているため，0℃では C_2H_5OH のほとんどは液体として存在している。よって，容器内の気体の C_2H_5OH の圧力は，0℃から温度を上げていくと，はじめは蒸気圧曲線に沿って上昇し，すべて気体になったところから温度に比例して上昇する。ここで，100℃において，0.024 mol の C_2H_5OH がすべて気体として存在すると仮定したときの圧力は，

$$\frac{0.024 \times 8.3 \times 10^3 \times 373}{1.0} \fallingdotseq 0.74 \times 10^5 \text{ Pa}$$

であり，この圧力は図 2 から読み取れる 100℃の蒸気圧を下回っているため，100℃では C_2H_5OH はすべて気体として存在し，その圧力は 0.74×10^5 Pa である。よって，容器内の気体の C_2H_5OH の温度と圧力の変化は次の通りである。

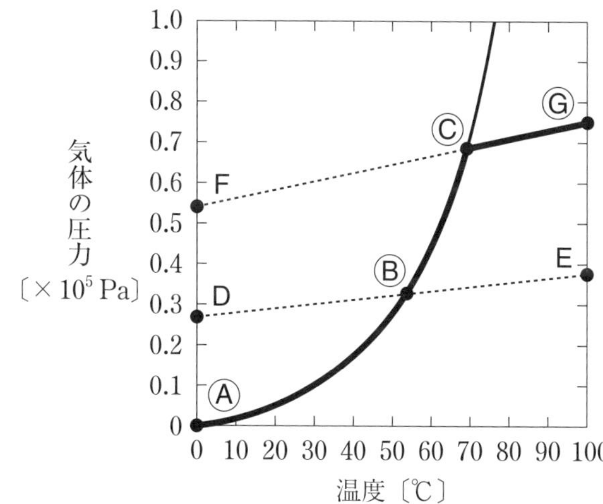

以上より，①が正解である。

第2問 光が関わる化学反応と現象，化学電池，氷の昇華と分子間の水素結合

解法のポイント

問1　光が関わる化学反応，および現象に関する基本的な知識を基に判断する。

問2　放電による質量増加が取り込まれた酸素によるものであると気づくことができれば，流れた電子の物質量，さらに電気量を求めることができる。

問3　aは，**水の状態図の概形を描いて考える**とわかりやすい。bは，**水1分子あたり2本の水素結合をもつ**と考えることができるかがポイントである。cは，与えられたエネルギー図より，「0℃の H_2O(固)」→「0℃の H_2O(気)」で出入りする熱量の総和を求めればよい。

設問解説

問1　**【光が関わる化学反応と現象】**　7　正解：③　やや易

①…正　塩素と水素は，次のように反応して塩素水素が生成する。

$$Cl_2 + H_2 \longrightarrow 2HCl$$

この反応は塩素と水素を混合しただけではほとんど起こらないが，強い光(紫外線)を照射すると爆発的に反応する。

②…正　オゾン層は，地上約10～50kmの上空に存在しており，太陽からの有害な紫外線を吸収し，地上の生物を保護している。

③…誤　光合成では，植物が光エネルギーを吸収することで，二酸化炭素と水から糖類と酸素を生成する。この反応はエネルギーを吸収する反応であるため，吸熱反応である。よって，この記述は誤りである。

④…正　一般に，光を照射することで触媒作用を示す物質を，光触媒という。酸化チタン(Ⅳ)は光触媒としての性質を示し，有機物などを分解する触媒としてはたらく。

以上より，③が正解である。

問2　**【化学電池】**　8　正解：③　標準

本文より，空気亜鉛電池の放電では酸素が取り込まれるため，電池の質量が増加する。放電によって電池の質量が16.0mg増加したので，取り込まれて反応した酸素の物質量は，

$$\frac{16.0\times10^{-3}\,\mathrm{g}}{32\,\mathrm{g/mol}} = 5.00\times10^{-4}\,\mathrm{mol}$$

である。ここで，正極の反応式より，反応した酸素と流れた電子の物質量

比は1：4なので，この放電によって流れた電子の物質量は，

$$5.00 \times 10^{-4}\,\text{mol} \times 4 = 2.00 \times 10^{-3}\,\text{mol}$$

である。よって，流れた電流は，

$$2.00 \times 10^{-3}\,\text{mol} \times 9.65 \times 10^{4}\,\text{C/mol} \times \frac{1}{7720\,\text{s}} = 0.0250\,\text{A}$$

$$= 25.0\,\text{mA}$$

である。

以上より，③が正解である。

問3 【氷の昇華と分子間の水素結合】 9 正解：① 標準

10 正解：② やや難　11 正解：④ 標準

a 下図に示すように，三重点よりも低温かつ低圧の状態の氷を水蒸気に変化させるには，2つの方法がある。すなわち，「温度を保ったまま減圧する(i)」，あるいは「圧力を保ったまま加熱する(ii)」である。

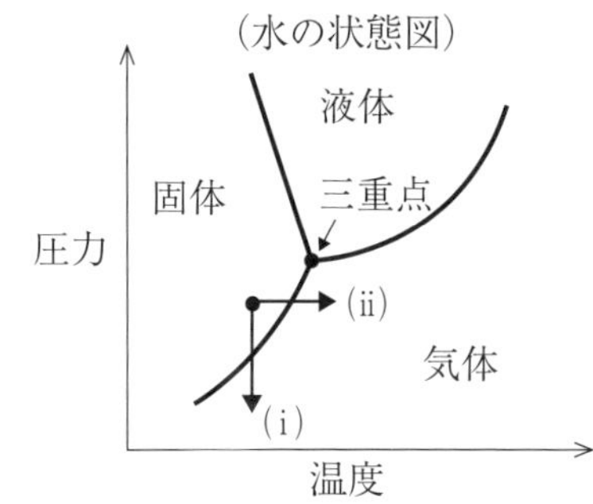

以上より，①が正解である。

b 水素結合1本には2個の水分子が関与しているため，水1分子あたり2本の水素結合をもつと考えることができる。

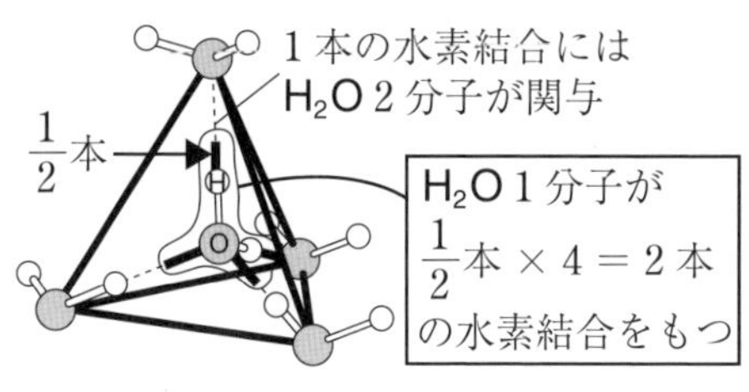

よって，水分子 1 mol の結晶中には 2 mol の水素結合が含まれている。ここで，0 ℃における昇華熱 Q〔kJ/mol〕は，水分子 1 mol の結晶中のすべて水素結合，つまり 2 mol の水素結合を切るためのエネルギーであることから, 1 mol の水素結合をるためのエネルギーは，$\frac{1}{2}Q$〔kJ/mol〕である。

以上より，②が正解である。

c　0 ℃における氷の昇華熱，つまり 0 ℃の H_2O(固) 1 mol を 0 ℃の H_2O(気)にするために必要な熱量は，下図の(i)〜(iv)で出入りする熱量の総和を求めればよい。

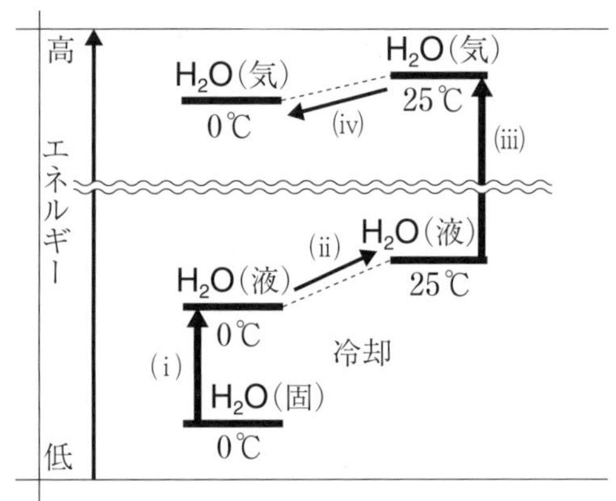

よって，

(i)… 6 kJ/mol の発熱

(ii)… 0.080 kJ/(mol·K) × 25 K ＝ 2 kJ/mol の発熱

(iii)… 44 kJ/mol の発熱

(iv)… 0.040 kJ/(mol·K) × 25 K ＝ 1 kJ/mol の吸熱

より，(i)〜(iv)で出入りする熱量の総和は，

$$6 + 2 + 44 - 1 = 51 \text{ kJ/mol}$$

である。

以上より，④が正解である。

第3問　塩化ナトリウムの溶融塩電解，金属元素の性質，鉄を含む錯イオン

解法のポイント

問1　電気分解に関する基本な知識を基に判断する。塩化ナトリウムの溶融塩電解，および塩化ナトリウム水溶液の電気分解において，陽極，陰極でそれぞれどのような反応が起こるのかを考える。

問2　金属の単体の反応性，および塩化物の性質に関する知識を基に判断する。また，各金属が周期表の何族に属するかを覚えておく必要がある。

問3　**a** は，鉄イオンに関する基本的な知識を基に判断する。**b** は，(1)式から，2 mol の $[Fe(C_2O_4)_3]^{3-}$ に含まれる 6 mol の $C_2O_4^{2-}$ のうち，CO_2 に変化した $C_2O_4^{2-}$ が何 mol であるかを読み取ればよい。**c** は，**CO_2 に変化しなかった $C_2O_4^{2-}$ がすべて $CaC_2O_4 \cdot H_2O$ の沈殿として得られている**ことに気づけるかがポイントである。

設問解説

問1　【塩化ナトリウムの溶融塩電解】　12　正解：③　やや易

①…正　一般に，陰極の電極は反応に関与しないため，安価な鉄が用いられる。また，陽極では塩素が発生するため，塩素によって酸化されにくい黒鉛が用いられる。

②…正　陰極では，ナトリウムイオン Na^+ が次のように還元され，ナトリウムの単体が生成する。

$$Na^+ + e^- \longrightarrow Na$$

一方，陽極では，塩化物イオン Cl^- が次のように酸化され，塩素が発生する。

$$2Cl^- \longrightarrow Cl_2 + 2e^-$$

③…誤　塩化ナトリウムの溶融塩電解における全体の化学反応式は，次の通りである。

陰極	$Na^+ + e^-$	$\longrightarrow$	Na	(×2)
陽極	$2Cl^-$	$\longrightarrow$	$Cl_2 + 2e^-$	
	$2NaCl$	$\longrightarrow$	$2Na + Cl_2$	

この反応式より，ナトリウムの単体が 2 mol 生成するとき，気体の塩素が 1 mol 発生する。よって，この記述は誤りである。

④…正　ナトリウムはイオン化傾向が大きいため，塩化ナトリウム水溶液を電気分解すると，陰極では，Na^+ ではなく H_2O が還元される。

$$2H_2O + 2e^- \longrightarrow H_2 + 2OH^-$$

以上より，③が正解である。

問2 【金属元素の性質】 [13] [14] 正解：③，④ 標準

Ⅰ　Ag，Pb，Sn，Zn のうち，単体が希硫酸に溶けるのは Sn と Zn である。Ag は，水素よりもイオン化傾向が小さいため，希硫酸には溶けない。また，Pb は希硫酸とわずかに反応するが，表面に水に難溶の硫酸鉛(Ⅱ)を生じるため，すぐに反応が止まってしまう。よって，アとイは Sn または Zn のいずれかであり，ウとエは Ag または Pb のいずれかである。

Ⅱ　塩化鉛(Ⅱ)$PbCl_2$ は，冷水には難溶だが，熱水には溶けやすい。よって，ウは Pb である。また，Ⅰより，エは Ag である。

Ⅲ　Pb と Sn はともに周期表の 14 族元素であり，互いに同族元素である。よって，アは Sn である。また，Ⅰより，イは Zn である。

以上より，[13] は③，[14] は④が正解である。

問3 【鉄を含む錯イオン】 [15] 正解：③ 標準

[16] 正解：① やや難　[17] 正解：④ やや難

a　鉄(Ⅱ)イオン Fe^{2+} を含む水溶液に，ヘキサシアニド鉄(Ⅲ)酸カリウム $K_3[Fe(CN)_6]$ 水溶液を加えると，濃青色の沈殿を生じる。この反応は，Fe^{2+} の検出に利用されている。なお，鉄(Ⅲ)イオン Fe^{3+} を含む水溶液に，サリチル酸(フェノール類)の水溶液を加えると紫色に呈色し，チオシアン酸カリウム KSCN 水溶液を加えると血赤色に呈色する。また，Fe^{2} の水溶液と Fe^{3+} の水溶液に，それぞれ H_2S 水溶液を加えると，いずれも黒色沈殿を生じる。よって，ろ液に Fe^{2+} が含まれていることを確認するには，$K_3[Fe(CN)_6]$ 水溶液を加えればよい。以上より，③が正解である。

b　(1)式は，2 mol の $[Fe(C_2O_4)_3]^{3-}$ が反応するとき，1 mol の $C_2O_4{}^{2-}$ が 2 mol の CO_2 に変化することを示している。

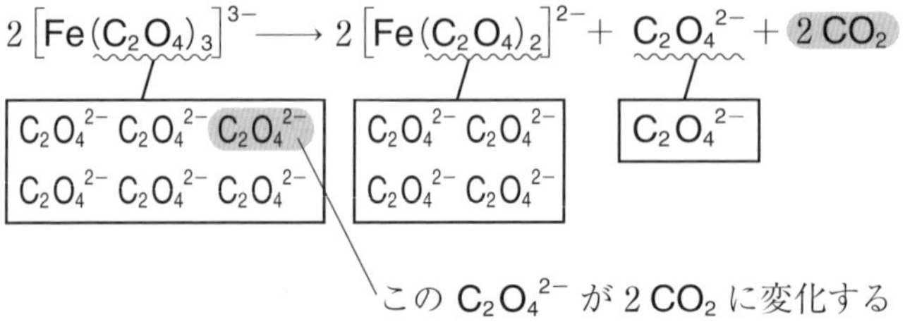

$$2[Fe(C_2O_4)_3]^{3-} \longrightarrow 2[Fe(C_2O_4)_2]^{2-} + C_2O_4{}^{2-} + 2CO_2$$

$C_2O_4{}^{2-}$ $C_2O_4{}^{2-}$ $C_2O_4{}^{2-}$
$C_2O_4{}^{2-}$ $C_2O_4{}^{2-}$ $C_2O_4{}^{2-}$

$C_2O_4{}^{2-}$ $C_2O_4{}^{2-}$
$C_2O_4{}^{2-}$ $C_2O_4{}^{2-}$

$C_2O_4{}^{2-}$

この $C_2O_4{}^{2-}$ が 2 CO_2 に変化する

よって，1 mol の $[Fe(C_2O_4)_3]^{3-}$ が(1)式に従って反応するときは，0.5 mol の $C_2O_4^{2-}$ が 1 mol の CO_2 になる。以上より，①が正解である。

c 0.0109 mol の $[Fe(C_2O_4)_3]^{3-}$ に含まれる $C_2O_4^{2-}$ の物質量は，

$$0.0109\ \text{mol} \times 3 = 0.0327\ \text{mol}$$

である。このうち，**実験Ⅰ**で CO_2 に変化しなかった $C_2O_4^{2-}$ は，**実験Ⅱ**ですべて $CaC_2O_4 \cdot H_2O$ として沈殿する。

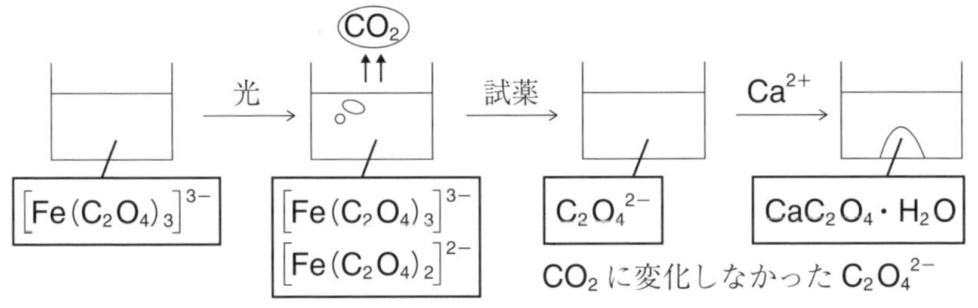

よって，得られた $CaC_2O_4 \cdot H_2O$ の物質量は，

$$\frac{4.38\ \text{g}}{146\ \text{g/mol}} = 0.030\ \text{mol}$$

であり，CO_2 に変化した $C_2O_4^{2-}$ の物質量は，

$$0.0327 - 0.0300 = 0.0027\ \text{mol}$$

である。ここで，**b** より，1 mol の $[Fe(C_2O_4)_3]^{3-}$ が反応するときは，0.5 mol の $C_2O_4^{2-}$ が CO_2 に変化することから，**実験Ⅰ**で反応した $[Fe(C_2O_4)_3]^{3-}$ の物質量は，CO_2 に変化した $C_2O_4^{2-}$ の物質量の 2 倍であり，

$$0.0027 \times 2 = 0.0054\ \text{mol}$$

である。よって，求める割合は，

$$\frac{0.0054\ \text{mol}}{0.0109\ \text{mol}} \times 100 \fallingdotseq 49.5\ \%$$

である。

以上より，④が正解である。

第4問　炭化水素の反応，油脂，アルコール，高分子化合物，ポリペプチド

解法のポイント

問1　芳香族化合物の反応に関する基本的な知識を基に判断する。なお，芳香族化合物の反応は，触媒も含めて覚えるようにしておくとよい。

問2　①，②は，**「けん化価」**や**「ヨウ素価」**の定義が書かれているので，その内容を基に判断する。③，④は，油脂に関する基本的な知識を基に判断する。

問3　**a**は，ア～エが第何級アルコールであるかを判断できればよい。**b**は，ア～エの分子内脱水によって得られるアルケンを，実際に書き出してみるとよい。

問4　高分子化合物に関する基本的な知識を基に判断する。

問5　Bの分子量は89であるが，**AはBが脱水縮合してできた高分子化合物である**ため，その式量は89 − 18 = 71であることに気づけたかがポイントである。

設問解説

問1　**【炭化水素の反応】**　18　正解：①　やや易

①…誤　酸化バナジウム(V)を触媒に用いて，ナフタレンを高温で空気酸化すると，無水フタル酸が生成する。

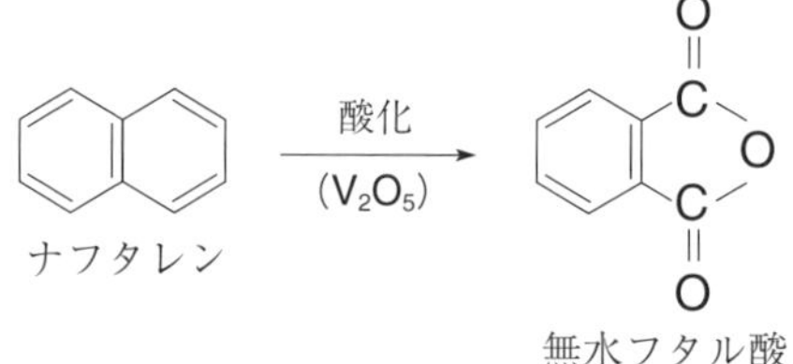

よって，この記述は誤りである。

②…正　鉄粉または塩化鉄(Ⅲ)を触媒に用いて，ベンゼンに塩素を作用させると，置換反応が起こりクロロベンゼンが生成する。

Cl_2 (Fe)

ベンゼン　→　クロロベンゼン（Cl）

③…正　ベンゼンに高温で濃硫酸を作用させると，置換反応が起こりベンゼンスルホン酸が生成する。

ベンゼン $\xrightarrow{H_2SO_4}$ ベンゼンスルホン酸（$C_6H_5SO_3H$）

④…正　ニッケルを触媒に用いて，ベンゼンに高温・高圧下で水素を作用させると，付加反応が起こりシクロヘキサンが生成する。

ベンゼン $\xrightarrow[(Ni)]{H_2}$ シクロヘキサン（CH_2 6個からなる環）

以上より，①が正解である。

問2【油脂】 19 **正解**：③ 標準

①…正　油脂1分子中には3つのエステル結合が含まれるため，油脂1 mol をけん化するのに必要な水酸化カリウムは3 mol である。よって，油脂のモル質量を M〔g/mol〕とおくと，けん化価 W〔mg〕は次のように表せる。

$$W\,[\mathrm{mg}] = \frac{1\,\mathrm{g}}{M[\mathrm{g/mol}]} \times 3 \times 56\ \mathrm{g/mol} = \frac{168}{M}$$

よって，Wが大きいほどMは小さい。

②…正　油脂1分子中に含まれる C=C 結合の数を n とおくと，油脂1 mol に付加するヨウ素は n〔mol〕である。よって，油脂のモル質量を M〔g/mol〕とおくと，ヨウ素価 W〔g〕は次のように表せる。

$$W\,[\mathrm{g}] = \frac{100\,\mathrm{g}}{M\,[\mathrm{g/mol}]} \times n \times 254\ \mathrm{g/mol} = \frac{25400\,n}{M}$$

ここで，乾性油は不飽和脂肪酸を多く含む油脂であり，C=C 結合が多い。よって，乾性油は n が大きく，Wが大きい。

③…誤　硬化油は，不飽和脂肪酸を多く含む液体の油脂中の C=C 結合に水素を付加させ，固めたものである。この反応では，油脂は還元されている。よって，この記述は誤りである。

④…正　油脂は，高級脂肪酸3分子とグリセリン（1,2,3-プロパントリオール）のエステルである。

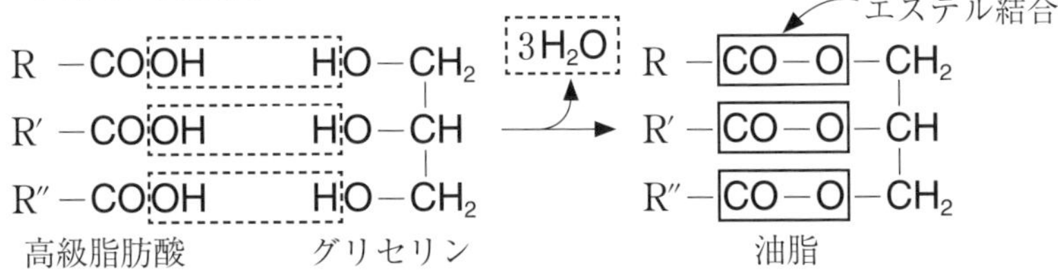

以上より，③が正解である。

問 3【アルコール】 20 **正解**：③ やや易 21 **正解**：② 標準

a 一般に，第一級アルコールを酸化するとアルデヒド，第二級アルコールを酸化するとケトンが生成する。なお，アルデヒドをさらに酸化するとカルボン酸となる。ここで，**ア**～**エ**のうち，**ア**は第一級アルコール，**イ**～**エ**は第二級アルコールである。よって，③が正解である。

b **ア**～**エ**の分子内脱水で得られるアルケンは，それぞれ次の通りである。

ア $CH_3-CH(CH_3)-CH(H)-CH_2(OH)$ →($-H_2O$) $CH_3-CH(CH_3)-CH=CH_2$

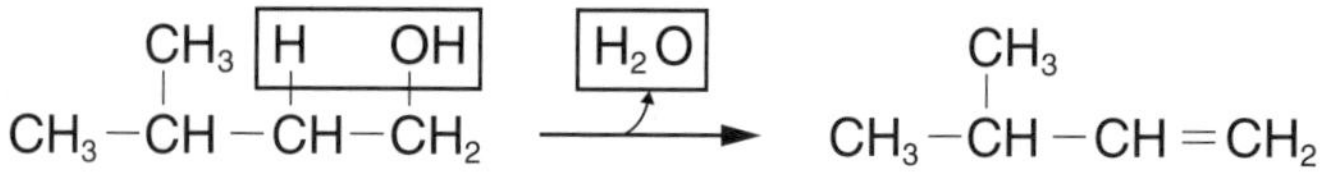

イ $CH_3-CH_2-CH(H)-CH(OH)-CH_2(H)$ →($-H_2O$) $CH_3-CH_2-CH_2-CH=CH_2$，$(CH_3-CH_2)HC=CH(CH_3)$（シス），$(CH_3-CH_2)HC=CH(CH_3)$（トランス）

ウ $CH_2-CH_2-CH(OH)-CH(H)-CH_3$ →($-H_2O$) $(CH_3-CH_2)HC=CH(CH_3)$（シス），$(CH_3-CH_2)HC=CH(CH_3)$（トランス）

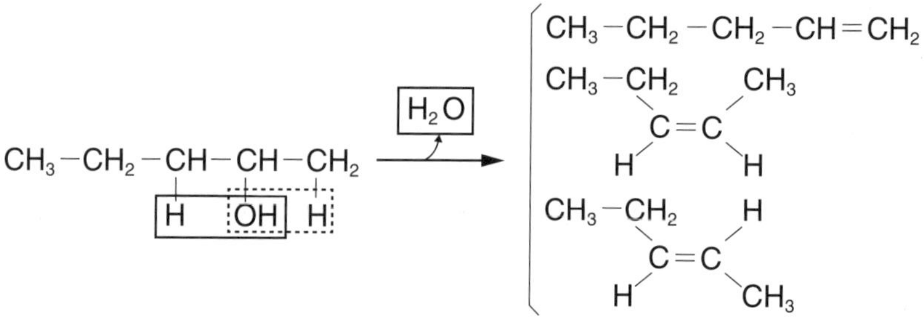

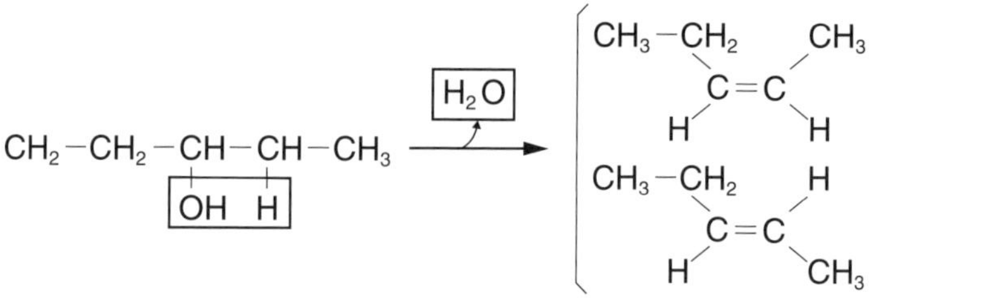

エ $CH_2(H)-CH(OH)-C(H)(CH_3)-CH_3$ →($-H_2O$) $CH_2=CH-CH(CH_3)-CH_3$，$CH_3-CH=C(CH_3)-CH_3$

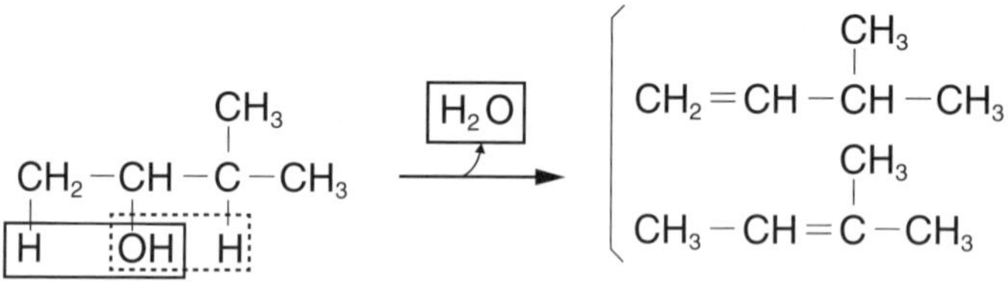

よって，生成するアルケンの異性体の数が最も多いアルコールは**イ**である。以上より，②が正解である。

問 4 【高分子化合物】 22 **正解**：① やや易

①…誤　ナイロン 6 は，次に示すように，繰り返し単位中に 1 つのアミド結合をもつ。

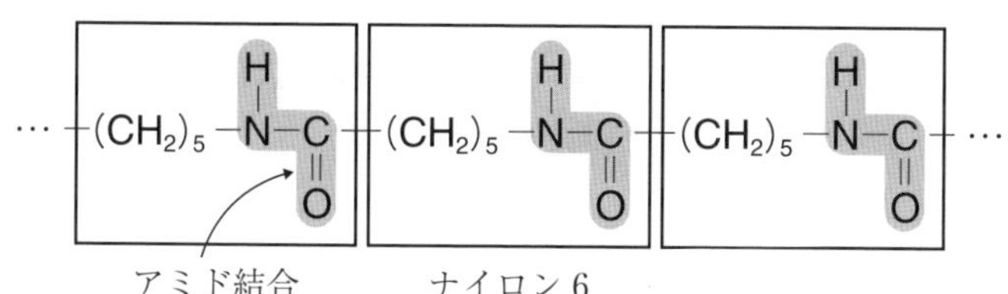

よって，この記述は誤りである。

②…正　ポリ酢酸ビニルは，繰り返し単位中にエステル結合をもつ。この結合を加水分解すると，ポリビニルアルコールが生じる。

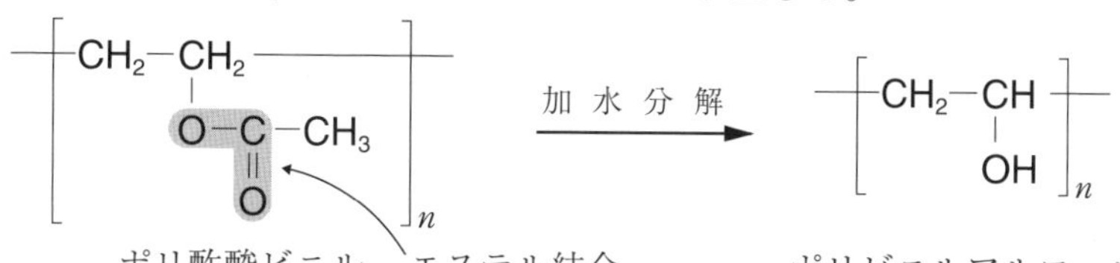

③…正　一般に，**加熱によって軟らかくなる樹脂を熱可塑性樹脂**，**加熱しても軟らかくならない樹脂を熱硬化性樹脂**という。ポリエチレン，ポリ塩化ビニル，ポリ酢酸ビニルなどは熱可塑性樹脂に分類され，フェノール樹脂，尿素樹脂，メラミン樹脂などは熱硬化性樹脂に分類される。

④…正　生ゴムに数％の硫黄を加えて加熱すると，ゴムの構造中に硫黄原子による架橋構造ができ，弾性が向上する。

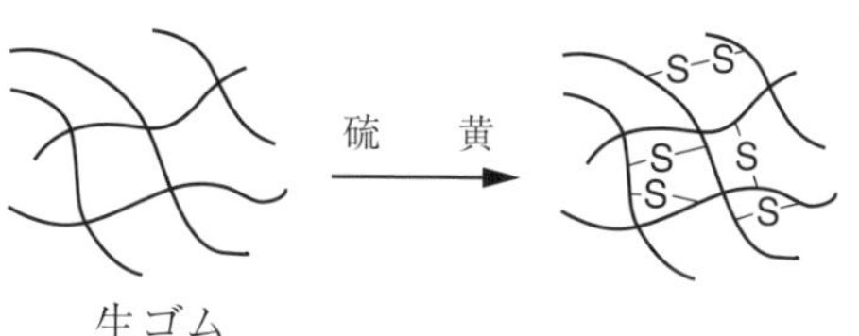

このような操作を，加硫という。

⑤…正　ポリエチレンテレフタラート(PET)は，合成樹脂として飲料容器などに利用される一方で，合成繊維として衣類などにも利用される。

問5　【ポリペプチド】　23　正解：②　標準

ポリペプチドAの繰り返し単位は，アミノ酸Bから水分子が取れた構造であり，その式量は，(89 − 18 =) 71 である。よって，Aを構成しているBの数は，

$$\frac{2.56 \times 10^4}{71} \fallingdotseq 360$$

である。ここで，Aの長さはB 3.6 個につき 0.54 nm なので，全長 L は，

$$360 \times \frac{0.54}{3.6} = 54\,\text{nm}$$

である。以上より，②が正解である。

第5問 化学平衡，グルコースの異性化，グルコースの分解反応

解法のポイント

問1　**a** は，表1より，7.0時間後，および10.0時間後には，すでに平衡に達していることを読み取れたかがポイントである。なお，方眼紙を用いてグラフにするとわかりやすいが，本問はグラフを描かなくても解答できることは理解しておきたい。**b** および **c** は，**a** の解答を基に考える。さらに，**c** は化学平衡の法則を利用する必要がある。

問2　本問に登場する化合物Xは，グルコースと異なり，α 型と β 型の変換ができないことに気付けるかがポイントである。

問3　高校化学では扱われない反応が題材となっているが，「ホルミル基をもつ化合物はアンモニア性硝酸銀水溶液を還元する」といった基本的な知識を基に，**問題文に書かれている情報から解答を導くことができる。**

設問解説

問1　**【化学平衡】**　24　**正解**：④　やや易　25　**正解**：②　標準　26　**正解**：④　やや難

a　表1より，7.0時間後，10.0時間後は，α-グルコースの物質量が0.032 molで変化していないため，平衡に達している。ここで，

$$\alpha\text{-グルコースの物質量} + \beta\text{-グルコースの物質量} = 0.100\ \text{mol}$$

が成り立つので，求める値は，

$$0.100 - 0.032 = 0.068\ \text{mol}$$

である。なお，7.0時間後，10.0時間後に平衡に達していることは，方眼紙を用いて表1の結果をもとにグラフを描いてみるとわかりやすい。

以上より，④が正解である。

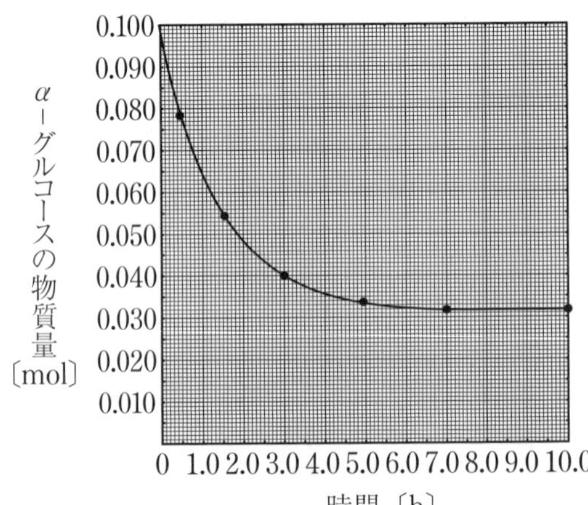

b　β-グルコースの物質量が平衡に達したときの 50 %，つまり，

$$0.068\,\text{mol} \times \frac{50}{100} = 0.034\,\text{mol}$$

のとき，α-グルコースの物質量は，

$$0.100 - 0.034 = 0.066\,\text{mol}$$

である。よって，表より，α-グルコースが 0.066 mol となるのは，0.5 時間と 1.5 時間の間である。選択肢のうち，該当するの時間は 1.0 時間後である。なお，上で示したグラフを用いて，α-グルコースが 0.066 mol となるときの時間(1.0 時間)を読み取ってもよい。

以上より，②が正解である。

c　平衡に達したときの α-グルコースと β-グルコースの物質量は，それぞれ 0.032 mol, 0.068 mol なので，20 ℃におけるこの反応の平衡定数 K は，

$$K = \frac{[\beta\text{-グルコース}]}{[\alpha\text{-グルコース}]} = \frac{0.068}{0.032}$$

である。よって，化学平衡の法則より，新たな平衡時の β-グルコースを x〔mol/L〕とおくと，

$$\frac{0.068}{0.032} = \frac{x}{(0.100 + 0.100) - x}$$

$$x = 0.136$$

より，求める値は，

$$0.136\,\text{mol/L} \times 1.0\,\text{L} = 0.136\,\text{mol}$$

である。なお，実験を通じて水溶液の体積変化はないものとし，用いた水の体積 1.0 L を用いた。

以上より，④が正解である。

問2 【グルコースの異性】 27 **正解**：① 標準

グルコースの1位の炭素に結合したヒドロキシ基がメタノールと反応したため，化合物Xは水溶液中で開環できない構造となる。よって，α型からβ型への変換が行われないため，α型のXの物質量は変化しない。

以上より，①のグラフが正解である。

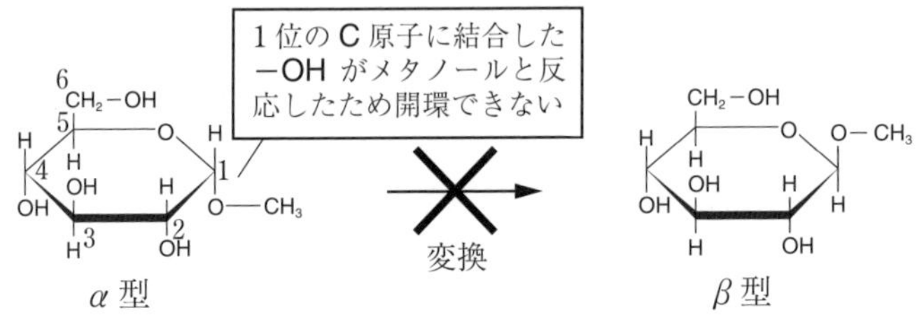

問3 【グルコースの分解反応】 28 **正解**：④ 標準

29 **正解**：① 標準

a Yは銀鏡反応を示すため，ホルミル基(−CHO)をもつ。選択肢の化合物のうち，ホルミル基を持つものはHCHOかHCOOHである。また，Yは酸化される(還元剤としてはたらく)とZになるため，YがHCHO，ZがHCOOHである。

$$\underset{\text{化合物Y}}{\mathrm{H-\underset{\|}{\overset{}{C}}-H}\atop \mathrm{O}} \xrightarrow{\text{酸化}} \underset{\text{化合物Z}}{\mathrm{H-\underset{\|}{C}-OH}\atop \mathrm{O}}$$

以上より，④が正解である。

b YとZは，それぞれ炭素数1の化合物なので，反応したグルコースに含まれる炭素原子の物質量の合計は，

$$2.0 + 10.0 = 12.0\ \mathrm{mol}$$

である。ここで，グルコース1分子には6個の炭素原子が含まれるため，反応したグルコースの物質量は，

$$12.0\ \mathrm{mol} \times \frac{1}{6} = 2.0\ \mathrm{mol}$$

である。

以上より，①が正解である。

解答・解説編
予想問題・第1回

解　答

問題番号（配点）	設問	解答番号	正解	配点
第1問（20）	1	1	4	4
	2	2	3	4
	3	3	6	4
	4	4	4	4
		5	3	4
第2問（20）	1	6	3	4
	2	7	1	4
	3	8	5	4
		9	3	4
		10	4	4
第3問（20）	1	11	2	3
	2	12	1	2
		13	5	2
	3	14	3	3
		15	4	3
		16	3	3
		17	1	2*
		18	1	
		19	1	
		20	2	2*
		21	1	
		22	2	

問題番号（配点）	設問	解答番号	正解	配点
第4問（20）	1	23	4	3
	2	24	3	3
		25	2	2
		26	4	2
	3	27	6	4
	4	28	3	3
	5	29	4	3
第5問（20）	1	30	3	3
		31	3	3
		32	2	4
	2	33	2	3
		34	2	3
		35	1	4

（注）　*は，全部を正しくマークしている場合のみ正解とする。

第1問 元素の周期律，塩の性質，コロイド溶液，気体の法則

解法のポイント

問1 元素の周期律とは**元素の性質が周期的に変化すること**である事実を踏まえて判断する。

問2 **a**～**c**は，すべて酸と塩基が過不足なく反応しているため，中和反応の結果生じる塩の水溶液の性質から，pHの大小を判断する。

問3 コロイドの性質に関する基本的な知識を基に判断する。

問4 **a** 図2のグラフより，はじめの状態では水はすべて気体として存在しており，**体積が2.0Lとなったところで液体の水が生じ始めることがわかる**。よって，このときの水蒸気の分圧(飽和蒸気圧)を求め，表1から温度を推測する。

b 水がすべて気体として存在する間は，圧力は体積に反比例して大きくなるが，凝縮し始めると，圧力は飽和蒸気圧で一定となる。

設問解説

問1 【元素の周期律】 1 正解：④ 標準 思

①～③，⑤は，次のような周期律を示す。

① 価電子の数

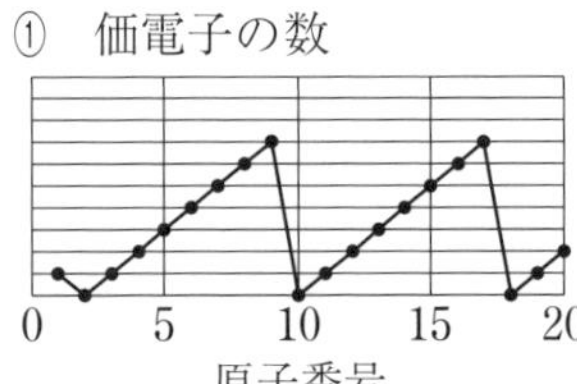

② 単体の融点

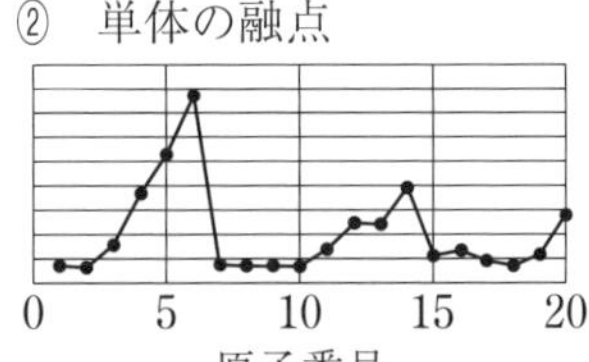

③ 電気陰性度

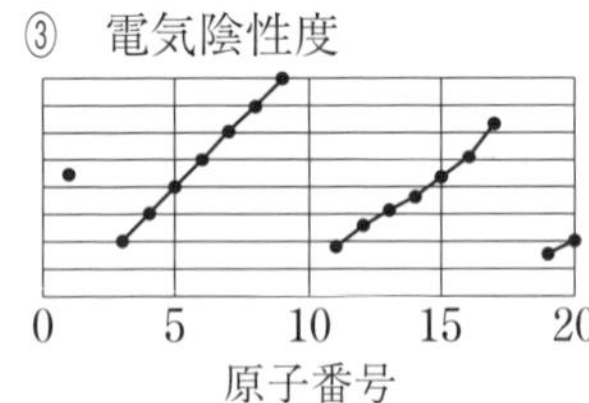

⑤ 原子の大きさ

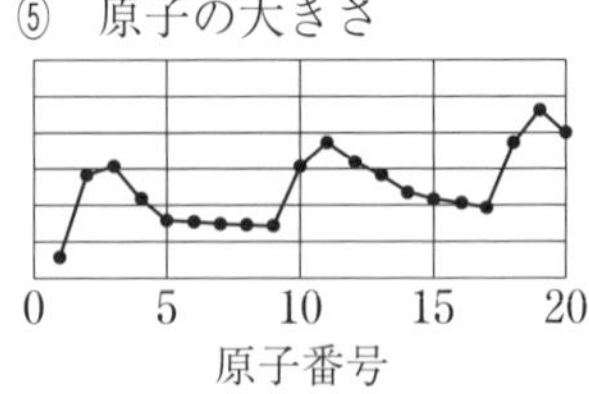

一方，④**原子量は，一般に，原子番号の増加とともに大きくなり，周期性を示さない**。なお，Ar(原子番号18，原子量40)とK(原子番号19，原子量39)のように，原子番号と原子量の大小関係が逆になる元素も存在す

る。

問2 【塩の性質】 2 正解：③ 標準 思

a～cは，すべて1価の酸の水溶液と1価の塩基の水溶液が同じモル濃度で同体積混合されているため，酸と塩基が過不足なく反応している。各反応で生じた塩は，それぞれ次の通りである。

a $HCl + NaOH \longrightarrow \underline{NaCl} + H_2O$

b $CH_3COOH + NaOH \longrightarrow \underline{CH_3COONa} + H_2O$

c $HCl + NH_3 \longrightarrow \underline{NH_4Cl}$

ここで，一般に，**強酸と強塩基の反応で生じる正塩の水溶液は「中性」，弱酸と強塩基の反応で生じる正塩の水溶液は「塩基性」，強酸と弱塩基の反応で生じる正塩の水溶液は「酸性」**を示す。よって，a～cで生じた塩の水溶液の性質は，それぞれ次の通りである。

a $NaCl$ ➡ 中性
b CH_3COONa ➡ 塩基性
c NH_4Cl ➡ 酸性

以上より，水溶液のpHは**b＞a＞c**の順に大きい。

+αの知識 ◆塩の加水分解

CH_3COONaの水溶液が塩基性を示す理由は，次の通りである。CH_3COONaは，水溶液中でCH_3COO^-とNa^+に電離しており，CH_3COO^-の一部が次のように加水分解するため，塩基性を示す。

$$CH_3COO^- + H_2O \rightleftarrows CH_3COOH + OH^-$$

このような反応を，**塩の加水分解**という。

同様に，NH_4Clの水溶液が酸性を示す理由は次の通りである。NH_4Clは，水溶液中でNH_4^+とCl^-に電離しており，NH_4^+の一部が次のように加水分解するため，酸性を示す。

$$NH_4^+ + H_2O \rightleftarrows NH_3 + H_3O^+$$

問3 【コロイド溶液】 3 正解：⑥ 標準

Ⅰ…誤 親水コロイドに多量の電解質を加えると，コロイド粒子を取り囲んでいる**水和水が電解質から生じたイオンへ移動**し，コロイド粒子が集まり沈殿する。この現象を塩析という。よって，この記述は誤りである。

Ⅱ…正 一般に，正コロイドは電気泳動によって陰極側へ，負コロイドは電気泳動によって陽極側へ移動する。

Ⅲ…誤　流動性のあるコロイド溶液をゾルといい，冷却によって流動性を失ったものをゲルという。よって，この記述は誤りである。

以上より，⑥が正解である。

問4　【気体の法則】 4 正解：④ やや難 思

5 正解：③ 標準 思

a　図2より，気体の体積を2.0Lとしたときに液体の水が生じ始めるとわかるため，気体の体積が5.0L ➡ 2.0Lに変化する間は，水はすべて気体として存在する。よって，5.0Lのときの水蒸気の分圧は，**分圧＝全圧×モル分率**より，

$$3.2 \times 10^4\,\mathrm{Pa} \times \frac{1}{4} = 8.0 \times 10^3\,\mathrm{Pa}$$

である。また，2.0Lのときの水蒸気の分圧は，ボイルの法則より，

$$8.0 \times 10^3\,\mathrm{Pa} \times \frac{5.0\,\mathrm{L}}{2.0\,\mathrm{L}} = 2.0 \times 10^4\,\mathrm{Pa}$$

であり，この圧力がこの温度における飽和蒸気圧である。

よって，表1より，60℃が正解である。

b　ピストンを押して気体の体積を小さくしていくと，水がすべて水蒸気として存在する間は，圧力は体積に反比例して大きくなるが，液体の水が生じ始めた後は，体積が減少しても飽和蒸気圧のまま一定の圧力を示す。

よって，③が正解である。

第2問　結合エネルギー，触媒，水溶液の電気分解　標準

解法のポイント

問1　「ヘスの法則」を利用して，熱化学方程式，またはエネルギー図を用いて反応熱を求める。

問2　触媒を用いることで反応速度が大きくなる理由を理解できていれば判断できる。

問3　**a**　電極の質量が変化するのは，陽極に用いた金属板が溶解する場合，もしくは陰極に金属の単体が析出する場合である。

b　図2より，電気分解の途中で水溶液中の銅(Ⅱ)イオンがすべて単体となって析出したと判断できる。これより，白金電極の質量の増加量から，はじめの水溶液中に存在していた銅(Ⅱ)イオンの物質量を求める。

c　陽極では電気分解を通じて酸素が発生し，陰極では銅が析出し終わったところから水素が発生するため，酸素と水素では，発生する反応の起こっている時間が異なることに注意して，物質量比を求める。

設問解説

問1　【結合エネルギー】　6　**正解**：③　標準

エチレン C_2H_4(気)の生成熱 Q〔kJ/mol〕を表す熱化学方程式は，次の通りである。

$$2C(黒鉛) + 2H_2(気) = C_2H_4(気) + Q\ \mathrm{kJ} \quad \cdots\cdots(\mathrm{i})$$

ここで，表1に与えられた結合エネルギーより，H_2(気)，C_2H_4(気)をそれぞればらばらの原子状態にする変化，および黒鉛の昇華熱を表す熱化学方程式は，それぞれ次の通りである。

$$H_2(気) = 2H(気) - 436\ \mathrm{kJ} \quad \cdots\cdots(\mathrm{ii})$$

$$C_2H_4(気) = 2C(気) + 4H(気) - (590 + 414 \times 4)\ \mathrm{kJ} \quad \cdots\cdots(\mathrm{iii})$$

$$C(黒鉛) = C(気) - 715\ \mathrm{kJ} \quad \cdots\cdots(\mathrm{iv})$$

よって，(i)＝2×(iv)＋2×(ii)−(iii)より，

$$Q = 2 \times (-715) + 2 \times (-436) + (590 + 414 \times 4)$$
$$= -56$$

である。以上より，③が正解である。

別解

「2 mol の C(黒鉛)と 2 mol の H_2(気)がもつエネルギー」と「1 mol の C_2H_4(気)がもつエネルギー」の差を Q〔kJ〕とおくと，表1および黒鉛の昇華熱の値より，次図のようなエネルギー図が描ける。

よって，

$$Q = (590 + 414 \times 4) - 2 \times 715 + 2 \times 436 = 56$$

より，エチレンの生成熱は -56 kJ/mol である。

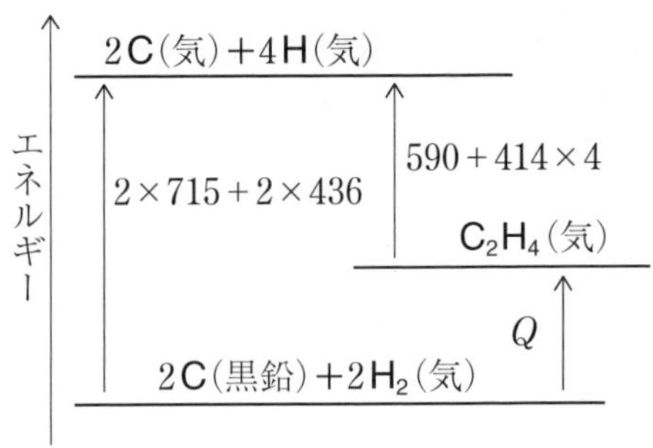

問2　【触媒】　7　正解：①　やや易

①…誤　触媒は反応速度を大きくするはたらきをもつが，反応前後で触媒自身は変化しない。なお，反応熱は「反応物がもつエネルギーと生成物がもつエネルギーの差」に相当するため，触媒が存在しても反応熱は変化しない。よって，この記述は誤りである。

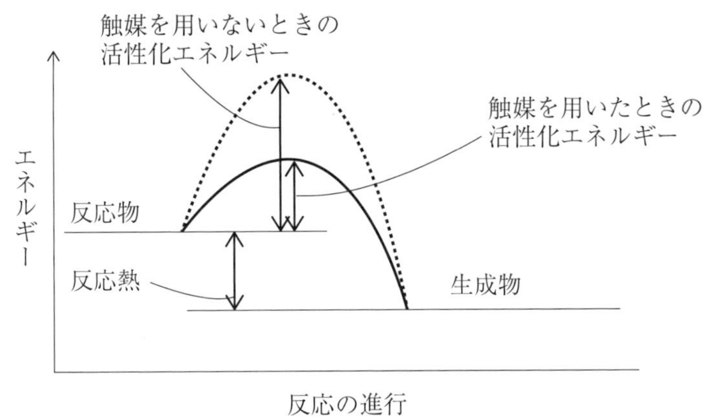

②…正　触媒は反応速度を大きくする作用をもつが，反応前後で触媒自身は変化しない。

③…正　一般に，反応速度式は次のように表される。

$$v = k\,[\text{反応物}]^x$$

ここで，v は反応速度，k は反応速度定数，[反応物]は反応物のモル濃度，x は反応次数である。k の値は，温度を上げる，または触媒を加えて活性化エネルギーを小さくすることで大きくなる。

④…正　触媒は反応速度を大きくする作用をもつため，平衡に達するまでの時間を短縮するが，平衡状態には影響を与えない。よって，可逆反応が平衡状態にあるときに触媒を加えても平衡は移動しない。

以上より，①が正解である。

+αの知識 ◆**アレニウスの式**

反応速度定数 k は，一般に，次のように表される。

$$k = A \cdot e^{-\frac{E_a}{RT}}$$

ここで，A は速度因子(反応ごとに決められている定数)，e は自然対数の底，R は気体定数であり，これらはすべて定数である。よって，k の値は絶対温度 T と活性化エネルギー E_a の値によって変化し，T が大きいほど，また E_a が小さいほど，k が大きくなる。なお，上式は覚えなくてもよいが，**k の値が T と E_a によって変化する**ことは知っておくとよい。

問 3 【水溶液の電気分解】 8 ：⑤ 標準

9 正解：③ 標準 思 10 正解：④ やや難 

a 各電極で起こる反応，および電極の質量の変化は，それぞれ次の通りである。

① 陽極 $2H_2O \longrightarrow O_2 + 4H^+ + 4e^-$ (変化しない)
　陰極 $2H^+ + 2e^- \longrightarrow H_2$ (変化しない)
② 陽極 $2Cl^- \longrightarrow Cl_2 + 2e^-$ (変化しない)
　陰極 $2H_2O + 2e^- \longrightarrow H_2 + 2OH^-$ (変化しない)
③ 陽極 $Cu \longrightarrow Cu^{2+} + 2e^-$ (減少する)
　陰極 $Cu^{2+} + 2e^- \longrightarrow Cu$ (増加する)
④ 陽極 $2I^- \longrightarrow I_2 + 2e^-$ (変化しない)
　陰極 $2H_2O + 2e^- \longrightarrow H_2 + 2OH^-$ (変化しない)
⑤ 陽極 $2H_2O \longrightarrow O_2 + 4H^+ + 4e^-$ (変化しない)
　陰極 $Ag^+ + e^- \longrightarrow Ag$ (増加する)

以上より，⑤が正解である。

b 水溶液の電気分解では，陽極で酸化反応，陰極で還元反応が起こる。よって，陰極で，

$$Cu^{2+} + 2e^- \longrightarrow Cu$$

の反応が起こり，銅が析出するため，電極の質量が増加する。また，陽極では，

$$2H_2O \longrightarrow O_2 + 4H^+ + 4e^-$$

の反応が起こるので，電極の質量は変化しない。

ここで，図 2 より，20 分間電気分解を行ったところで陰極の質量の増加が止まるため，この時点で水溶液中の銅(Ⅱ)イオンがすべて反応したとわ

かる。よって，電極の質量の増加量，

$$20.40 - 20.00 = 0.40\,\text{g}$$

より，水溶液中に存在していた銅(Ⅱ)イオンのモル濃度は，

$$\frac{\frac{0.40}{64}\,\text{mol}}{\frac{300}{1000}\,\text{L}} \fallingdotseq 2.08 \times 10^{-2}\,\text{mol/L} \qquad 2.1 \times 10^{-2}\,\text{mol/L}$$

である。

c　ファラデー定数を F〔C/mol〕とおくと，電気分解を通じて流れた電子の総物質量は，次の通りである。

$$\frac{1.0\,\text{A} \times 30 \times 60\,\text{s}}{F\text{〔C/mol〕}} = \frac{30 \times 60}{F}\text{〔mol〕}$$

よって，陽極で発生した酸素の物質量は，次の通りである。

$$\frac{30 \times 60}{F}\text{〔mol〕} \times \frac{1}{4} = \frac{30 \times 60}{4F}\text{〔mol〕}$$

また，陰極では，水溶液中の銅(Ⅱ)イオンが析出しきった20分以降の10分間，次の反応が起こり，水素が発生する。

$$2\,H_2O + 2\,e^- \longrightarrow H_2 + 2\,OH^-$$

よって，陰極で発生した水素の物質量は，次の通りである。

$$\frac{1.0\,\text{A} \times 10 \times 60\,\text{s}}{F\text{〔C/mol〕}} \times \frac{1}{2} = \frac{10 \times 60}{2F}\text{〔mol〕}$$

ここで，同温・同圧下では，気体の体積と物質量は比例するため，求める値は，

$$\frac{\frac{30 \times 60}{4F}\text{〔mol〕}}{\frac{10 \times 60}{2F}\text{〔mol〕}} = 1.5\,\text{倍}$$

である。

＋αの知識

電流 I〔A〕を時間 t〔s〕流したときに流れる電子 e^- の物質量は，**ファラデー定数 F〔C/mol〕**を用いて次のように表すことができる。

$$\text{電子の物質量〔mol〕} = \frac{\text{電気量〔C〕}}{\text{ファラデー定数〔C/mol〕}} = \frac{I\text{〔A〕} \times t\text{〔s〕}}{F\text{〔C/mol〕}}$$

第3問　貴(希)ガス，金属イオンの反応，硫化水素の性質，弱酸の遊離反応 

解法のポイント

問1　貴(希)ガスに関する基本的な知識を基に判断する。

問2　NH_3 分子と錯イオンをつくる金属イオン，および硫化物の沈殿の色を覚えていれば判断できる。

問3　**a**　硫化水素 H_2S に関する基本的な知識を基に判断する。

b　電離定数の大きさが $K_1 > K_3 > K_2$ であるため，**HCl は，HSO_4^- よりは強い酸で，H_2SO_4 よりは弱い酸である**ことから判断する。

c　化学反応式の左辺と右辺で，原子の種類と数が等しくなるように係数を入れる。

設問解説

問1　【貴(希)ガス】　11　**正解**：②　やや易

①…正　周期表の同一周期の元素では，原子番号が大きい原子ほど原子核に含まれる陽子数が多く，最外殻電子が原子核に強く引き付けられるため，イオン化エネルギーが大きくなる。よって，同一周期の元素では，貴(希)ガスのイオン化エネルギーが最も大きい。

②…誤　最も軽い気体は H_2 である。ただし，H_2 は爆発性をもつため，二番目に軽く不燃性の気体である He が気球や飛行船に用いられる。よって，この記述は誤りである。

③…正　空気中の成分は，体積比で N_2 約 78 %，O_2 約 21 %，Ar 約 0.9 %，CO_2 約 0.04 % の順に多く含まれる。

④…正　一般に，電子配置が同じイオンどうしでは，原子番号が大きい元素のイオンほど原子核に含まれる陽子数が多く，最外殻電子が原子核に強く引き付けられるため，半径が小さくなる。よって，O の原子番号 8，Mg の原子番号 12 より，半径は $O^{2-} > Mg^{2+}$ である。

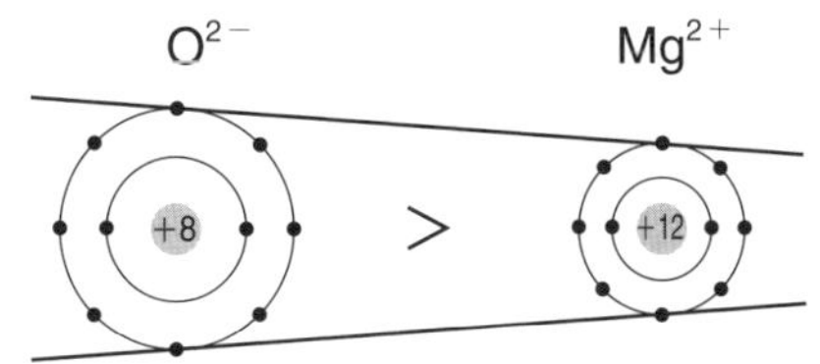

以上より，②が正解である。

問２ 【金属イオンの反応】 [12] **正解**：① [13] **正解**：⑤ 標準

a 一般に，**アルカリ金属，アルカリ土類金属以外の金属イオンの水溶液に水酸化ナトリウム水溶液やアンモニア水を加えて塩基性にすると，水酸化物の沈殿を生じる**。よって，選択肢の金属イオンのうち，Ca^{2+} 以外の水溶液では，アンモニア水を加えるとそれぞれ次の沈殿を生じる。

Ag^{+} の水溶液 $\longrightarrow$ Ag_2O（Ag^{+} の場合は，酸化物の沈殿を生じる）
Fe^{3+} の水溶液 $\longrightarrow$ $Fe(OH)_3$
Pb^{2+} の水溶液 $\longrightarrow$ $Pb(OH)_2$
Zn^{2+} の水溶液 $\longrightarrow$ $Zn(OH)_2$

これらの沈殿のうち，**さらにアンモニア水を加えると錯イオンとなって溶解するのは，Ag_2O と $Zn(OH)_2$** である。

$Ag_2O \longrightarrow [Ag(NH_3)_2]^{+}$
$Zn(OH)_2 \longrightarrow [Zn(NH_3)_4]^{2+}$

よって，金属イオンＡは Ag^{+}，Zn^{2+} のいずれかである。

b 一般に，**イオン化傾向 Zn ～ Au の金属イオンの中性水溶液に硫化水素を通じると，硫化物の沈殿を生じる**。よって，選択肢の金属イオンのうち，Ca^{2+} 以外の水溶液では，硫化水素を通じるとそれぞれ次の沈殿を生じる。

Ag^{+} の水溶液 $\longrightarrow$ Ag_2S
Pb^{2+} の水溶液 $\longrightarrow$ PbS
Fe^{3+} の水溶液 $\longrightarrow$ FeS（Fe^{3+} は H_2S によって Fe^{2+} に還元される）
Zn^{2+} の水溶液 $\longrightarrow$ ZnS

これらのうち，白色の沈殿は ZnS である。なお，Ag_2S，PbS，FeS はいずれも黒色の沈殿である。よって，金属イオンＢは Zn^{2+}，Ａは Ag^{+} である。

以上より，[12] は①，[13] は⑤が正解である。

＋α の知識 ◆ **錯イオンの形成**

水溶液に過剰のアンモニア水を加えると錯イオンをつくる主な金属イオン，およびその配位数，錯イオンの化学式，形状は次の通りである。

金属イオン	配位数	化学式 （名称）	形状
Ag^+	2	$[Ag(NH_3)_2]^+$ ジアンミン銀イオン	直線形
Cu^{2+}	4	$[Cu(NH_3)_4]^{2+}$ （深青） テトラアンミン銅（Ⅱ）イオン	正方形
Zn^{2+}	4	$[Zn(NH_3)_4]^{2+}$ テトラアンミン亜鉛イオン	正四面体形

水溶液に過剰の水酸化ナトリウム水溶液を加えると錯イオンをつくる主な金属イオン，およびその配位数，錯イオンの化学式，形状は次の通りである。

金属イオン	配位数	化学式 （名称）	形状
Al^{3+}	6	$[Al(OH)_4]^-$※ テトラヒドロキシドアルミン酸イオン	八面体形
Zn^{2+}	4	$[Zn(OH)_4]^{2-}$ テトラヒドロキシド亜鉛酸イオン	正四面体形
Sn^{2+}	4	$[Sn(OH)_4]^{2-}$ テトラヒドロキシドスズ（Ⅱ）酸イオン	正四面体形
Pb^{2+}	4	$[Pb(OH)_4]^{2-}$ テトラヒドロキシド鉛（Ⅱ）酸イオン	正四面体形

※実際には，Al^{3+} に4個の OH^- と2個の H_2O が配位結合した錯イオン $[Al(OH)_4(H_2O)_2]^-$ であるが，通常，$[H_2O]$ は省略して表すため，$[Al(OH)_4]^-$ のように表記される。

問3 【硫化水素の性質】 14 正解：③ やや易
15 正解：④ 16 正解：③
17 正解：① 18 正解：① 19 正解：①
20 正解：② 21 正解：① 22 正解：②
標準 思

a ①…正　硫化水素は，火山ガスや温泉水などに含まれる。
②…正　硫化水素は，無色・腐卵臭の気体である。
③…誤　硫化水素は強い還元作用を示すため，還元剤としてはたらくが，酸化剤として作用することはない。なお，同じ硫黄を含む気体である二酸化硫黄は，反応する相手によって酸化剤としても還元剤としてもはたらく。

よって，この記述は誤りである。
④…正　硫化水素は水に溶けると，その一部が次のように電離して硫化物イオン S^{2-} を生じる。

$$H_2S \rightleftarrows 2H^+ + S^{2-}$$

S^{2-} は，様々な金属イオンと結び付き，水に難溶性の塩を生じる。
⑤…正　硫化水素 H_2S 分子は，H_2O 分子と同様に折れ線形の分子である。
以上より，③が正解である。

b　電離定数 $K_1 \sim K_3$ の大小関係が，$K_1 > K_3 > K_2$ であることから，**各物質の H^+ の出しやすさ（酸の強さ）を比較すると，$H_2SO_4 > HCl > HSO_4^-$ の順に大きい**。

よって，H_2SO_4 は Cl^- に，H^+ を与えることができるが，HSO_4^- は Cl^- に H^+ を与えることができない。

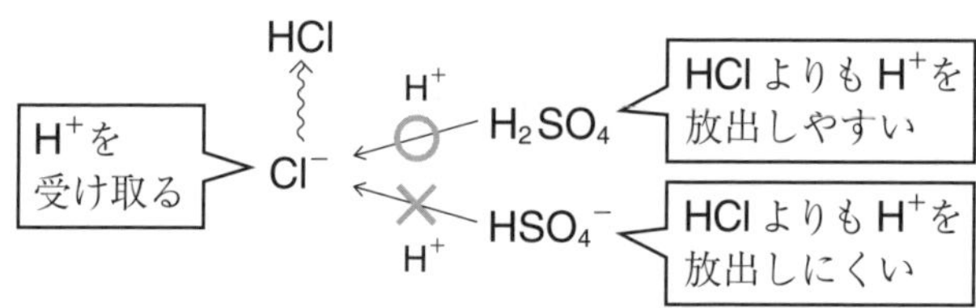

以上より，(1)の反応は起こるが，(2)の反応は起こらない。

$$\overset{\text{ア}}{\boxed{1}}\,NaCl + \overset{\text{イ}}{\boxed{1}}\,H_2SO_4 \xrightarrow{\bigcirc} \overset{X}{\boxed{NaHSO_4}} + \overset{\text{ウ}}{\boxed{1}}\,HCl\uparrow \quad \cdots(1)$$

$(Na^+,\ Cl^-)$ ← H^+　　$(Na^+,\ HSO_4^-)$

$$\overset{\text{エ}}{\boxed{2}}\,NaCl + \overset{\text{オ}}{\boxed{1}}\,H_2SO_4 \xrightarrow{\times} \overset{Y}{\boxed{Na_2SO_4}} + \overset{\text{カ}}{\boxed{2}}\,HCl\uparrow \quad \cdots(2)$$

$(2Na^+,\ 2Cl^-)$ ← $2H^+$　　$(2Na^+,\ SO_4^{2-})$

+αの知識　◆ **揮発性酸の遊離反応**

一般に，**揮発性の酸の塩を不揮発性の酸とともに加熱すると，揮発性の酸が遊離する**。このような反応を**揮発性酸の遊離反応**という。(1)の反応は，塩化ナトリウムを不揮発性の酸である濃硫酸とともに加熱することで，揮発性の酸である塩化水素 HCl が発生するため，揮発性酸の遊離反応と考えることもできる。

第4問 異性体，アルコールの分子内脱水，芳香族化合物の分離，タンパク質，生分解性プラスチック 

解法のポイント

問1 塩化鉄(Ⅲ)水溶液と反応して呈色するのは，ベンゼン環に直接ヒドロキシ基が結合した化合物であることを基に判断する。

問2 **a** 分子式 C_4H_8 から考えられる構造異性体をすべて書き出して判断する。

b ヒドロキシ基−OH をもつ炭素原子に結合した各炭素原子が，いくつの炭化水素基と結合しているかを考え，**規則1** と **規則2** から生成物を予測することができるかを考える。

問3 **安息香酸，アニリン，フェノールは，それぞれ次のように反応すると，「塩」となって水層へ移動する。**

$$C_6H_5\text{-}COOH \xrightarrow{NaOH \text{ または } NaHCO_3} C_6H_5\text{-}COONa$$

$$C_6H_5\text{-}NH_2 \xrightarrow{HCl} C_6H_5\text{-}NH_3Cl$$

$$C_6H_5\text{-}OH \xrightarrow{NaOH} C_6H_5\text{-}ONa$$

なお，中性の物質であるトルエンは，「塩」にならないため，水層へは移動しない。表1の操作と表2の予想した結果を基に，各水層に分離されると考えられる化合物を推測し，用いる適切な試薬を判断する。

問4 タンパク質に関する基本的な知識を基に判断する。

問5 ポリエチレンは繰り返し単位に3つの炭素原子，ポリグリコール酸は繰り返し単位に2つの炭素原子をもつ。よって，**同じ物質量で比較した場合は，ポリ乳酸から発生する二酸化炭素の物質量は，ポリグリコール酸から発生する二酸化炭素の物質量の $\frac{3}{2}$ 倍である**ことから判断する。

設問解説

問1 【異性体】 23 **正解**：④ 標準

①…正　分子式 C_3H_8O で表される異性体は，次の3通りである。

$$CH_3-CH_2-CH_2(OH)$$
1-プロパノール

$$CH_3-CH(OH)-CH_3$$
2-プロパノール

$$CH_3-CH_2-O-CH_3$$
エチルメチルエーテル

このうち，1-プロパノールと2-プロパノールはヒドロキシ基 $-OH$ をもつためナトリウムの単体と反応して水素を発生するが，エチルメチルエーテルはヒドロキシ基 $-OH$ をもたないためナトリウムの単体と反応しない。

②…正　一般に，次の構造のいずれかをもつ化合物にヨウ素と水酸化ナトリウム水溶液を加えて加熱すると，ヨードホルム CHI_3 の黄色沈殿を生じる。

$$CH_3-CO-Ⓡ \quad , \quad CH_3-CH(OH)-Ⓡ$$
（Ⓡは，炭化水素基，または水素原子）

ここで，分子式 C_3H_6O で表される異性体のうち，アセトンはヨードホルム反応を示す構造をもつ。

$$CH_3-CO-CH_3$$
アセトン

③…正　分子式 $C_4H_4O_4$ で表される異性体のうち，次に示すマレイン酸とフマル酸は，互いにシス-トランス異性体の関係にある。

HOOC(H)C=C(H)COOH（シス形）
マレイン酸

HOOC(H)C=C(COOH)H（トランス形）
フマル酸

④…誤　一般に，ベンゼン環にヒドロキシ基 $-OH$ が直接結合した構造をもつ化合物は，塩化鉄(Ⅲ)水溶液と反応して赤～青紫色に呈色する。ここで，分子式 C_7H_8O で表される異性体のうち，ベンゼン環にヒドロキシ基 $-OH$ が直接結合した構造をもつ化合物は次の3通りである。

CH_3 と OH がオルト位／メタ位／パラ位のクレゾール

よって，この記述は誤りである。

以上より，④が正解である。

問2 【アルコールの分子内脱水】 24 正解：③ 標準 思
25 正解：② 26 正解：④ 標準 思

a C_4H_8 は C_nH_{2n} の一般式で表され，この分子式で表される異性体には二重結合 C=C が1つ，または，環状構造が1つ含まれる。二重結合をもつ構造異性体は，次の3通りである。

$CH_2=CH-CH_2-CH_3$
1-ブテン

$CH_3-CH=CH-CH_3$
2-ブテン

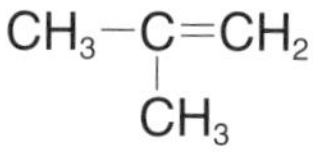

$CH_3-C(CH_3)=CH_2$
2-メチルプロペン

また，環状構造をもつ構造異性体は，次の2通りである。

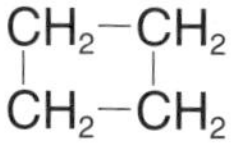

シクロブタン（CH_2-CH_2 / CH_2-CH_2 の四員環）

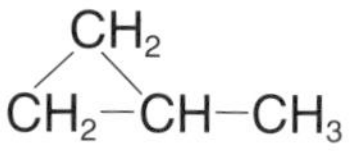

メチルシクロプロパン（CH_2 を頂点とし $CH_2-CH-CH_3$ の三員環）

よって，1-ブテンと2-ブテンを除く構造異性体の数は，3通りである。

＋αの知識 ◆ **不飽和度**

化合物中に含まれる二重結合の数と環状構造の数の和を表したものを不飽和度(I_u)という。一般に，炭素原子数 n の化合物の不飽和度は，次のように求めることができる。

$$I_u = \frac{2n + 2 - \text{H原子の数}}{2}$$

たとえば，本問の分子式 C_4H_8 で表される化合物の不飽和度は，次のように求められる。

$$I_u = \frac{2 \times 4 + 2 - 8}{2} = 1$$

よって，この分子式で表される異性体には二重結合 C=C が1つ，または，環状構造が1つ含まれる。

b **規則1** から生成物を予測することができるアルコールは，ヒドロキシ基 $-OH$ をもつ炭素原子に結合した各炭素原子が，異なる数の炭化水素基と結合しているアルコールである。一方，**規則2** まで考慮することで生成物を予測することができるアルコールは，各炭素原子に結合した炭化水素基の数が等しく，炭化水素基を構成する炭素数が異なるアルコールである。ここで，選択肢のアルコール①～④において，ヒドロキシ基－OH をもつ炭素原子に結合した炭化水素基の数は，それぞれ次の通りである。

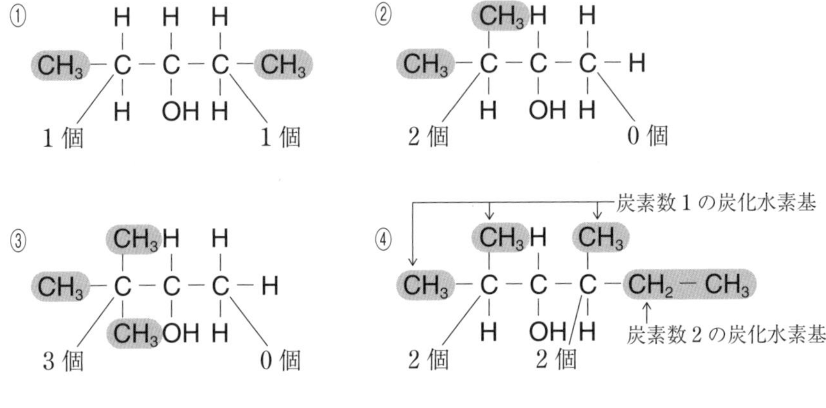

よって，アルコール X は②，アルコール Y は④である。

問3　【芳香族化合物の分離に用いる試薬】　27　正解：⑥　やや難　思

事前に立てた実験計画では，水層 a ～ c には，次のいずれかの「塩」が溶解している。なお，トルエンは中性化合物のため，「塩」にはならず，水層へは移動しない。

フェノールは塩化鉄(Ⅲ)水溶液と反応して紫色に呈色する。また，アニリンはさらし粉水溶液と反応して赤紫色に呈色する。

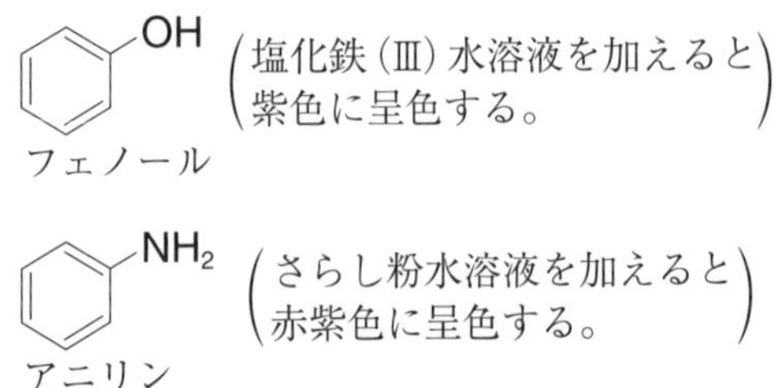

表1と表2の**予想した結果**より，**水層a**には安息香酸ナトリウム，**水層b**にはナトリウムフェノキシド，**水層c**にはアニリン塩酸塩がそれぞれ溶解していればよい。よって，事前に予想した結果が得られるための手順は次の通りである。

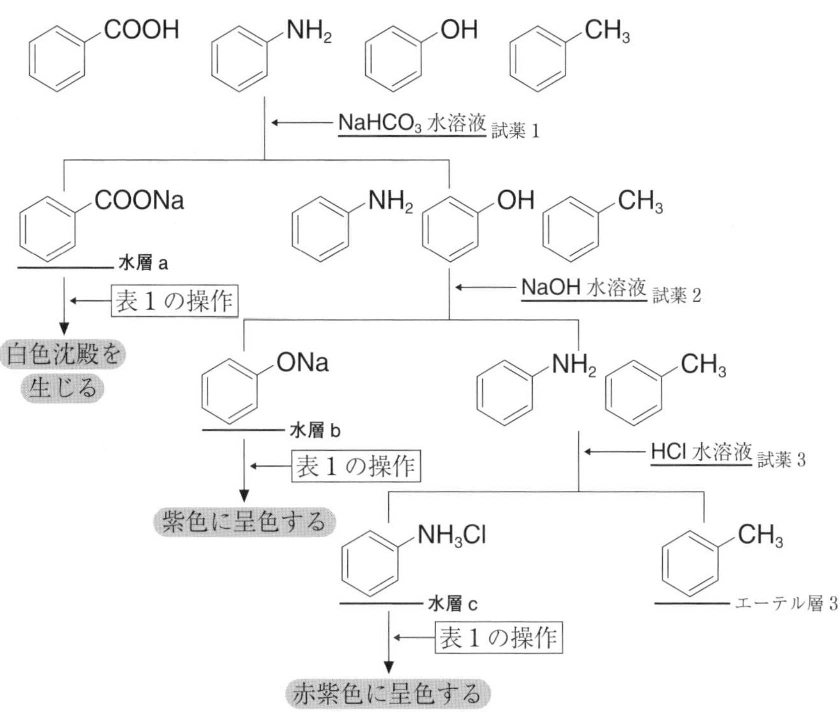

以上より，⑥が正解である。

問4　【タンパク質】 28 **正解**：③ 標準

①…正　タンパク質は，単純タンパク質と複合タンパク質に分類することができる。α-アミノ酸のみからなるアミノ酸を単純タンパク質，α-アミノ酸以外に色素，糖類などを含むタンパク質を複合タンパク質という。

②…正　一般に，連続した2つのペプチド結合をもつ化合物に水酸化ナトリウム水溶液を加えた後，少量の硫酸銅(Ⅱ)水溶液を加えると，赤紫色に呈色する。このような反応をビウレット反応といい，アミノ酸が3つ以上つながったペプチドの検出に用いられる。なお，タンパク質は多数のα-アミノ酸がペプチド結合でつながった高分子化合物であり，ビウレット反応を示す。

③…誤　加熱や水溶液の pH の変化によってタンパク質の立体構造(二次構造や三次構造)が壊れる現象を，タンパク質の変性という。この際，タンパク質を構成するアミノ酸の配列，すなわち一次構造は維持される。よって，この記述は誤りである。
④…正　生体内で起こる様々な化学反応の触媒としてはたらく物質を酵素という。酵素の主成分はタンパク質である。なお，タンパク質は加熱や水溶液の pH の変化によって変性してしまうため，酵素にはそれぞれ固有の“最適温度”，“最適 pH”がある。

以上より，③が正解である。

問5　【生分解性プラスチック】　29　正解：④　やや難

ポリ乳酸(分子量 $72n$)とポリグリコール酸(分子量 $58n'$)の質量をともに x〔g〕とおくと，物質量はそれぞれ次のように表せる。

$$\text{ポリ乳酸}\cdots\frac{x\,〔\mathrm{g}〕}{72n\,〔\mathrm{g/mol}〕}$$

$$\text{ポリグリコール酸}\cdots\frac{x\,〔\mathrm{g}〕}{58n'\,〔\mathrm{g/mol}〕}$$

ここで，ポリ乳酸1分子中に含まれる炭素原子は $3n$ 個，ポリグリコール酸1分子中に含まれる炭素原子は $2n'$ 個である。よって，各化合物 x〔g〕の分解によって得られる二酸化炭素の物質量は，それぞれ次の通りである。

$$\text{ポリ乳酸}\cdots\frac{x\,〔\mathrm{g}〕}{72n\,〔\mathrm{g/mol}〕}\times 3n=\frac{x}{24}\,〔\mathrm{mol}〕$$

$$\text{ポリグリコール酸}\cdots\frac{x\,〔\mathrm{g}〕}{58n'\,〔\mathrm{g/mol}〕}\times 2n'=\frac{x}{29}\,〔\mathrm{mol}〕$$

よって，同温・同圧の下では，気体の体積比は物質量比と等しいため，求める割合は，

$$\frac{\dfrac{x}{24}}{\dfrac{x}{29}}=\frac{29}{24}\fallingdotseq 1.20\,\text{倍}\qquad 1.2\,\text{倍}$$

である。

以上より，④が正解である。

第5問 凝固点降下，エステルの合成 標準

解法のポイント

問1 **a** 表1の時間経過と温度変化の関係を方眼紙上でグラフ化し，外挿法によって凝固点を調べる。

b aより，この溶液の凝固点降下度 Δt〔K〕が決まるため，その値を基に平均分子量を求めればよい。

c 安息香酸はベンゼン溶液中で二量体を形成するため，溶液中に存在する溶質粒子の物質量は，実際に溶解させた安息香酸の物質量よりも少ないことがイメージできるかがポイントである。

問2 **a** (i)は，液体混合物から揮発性のエタノールを取り除く操作である。(iv)は，固体と液体の混合物から固体の塩化カルシウムを取り除く操作である。

b 用いた安息香酸の物質量，および得られた安息香酸エチルの物質量を計算し，与式に代入すればよい。

c (ii)の操作では未反応の安息香酸，(iii)の操作では水分を取り除いていることを基に判断する。

設問解説

問1 【凝固点降下】 30 正解：③ やや難 31 正解：③ 標準 32 正解：② やや難

a 表1の値を，方眼紙上に記すと，次ページの図のようになる。
よって，外挿により，この溶液の凝固点は約4.75℃である。

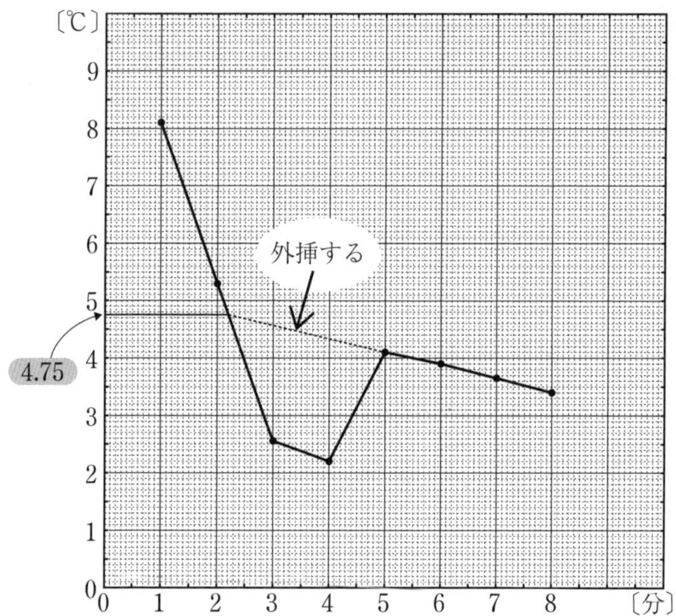

以上より，③が正解である。

b　希薄溶液では，溶液の凝固点降下度 Δt〔K〕は，溶液の質量モル濃度 m〔mol/kg〕に比例するため，$\Delta t = K_f \cdot m$ の関係式が成り立つ。ここで，K_f はモル凝固点降下〔K·kg/mol〕である。よって，安息香酸の平均モル質量を M〔g/mol〕とおくと，

$$(5.50 - 4.75)\,\mathrm{K} = 5.10\,\mathrm{K\cdot kg/mol} \times \frac{\dfrac{3.00\,\mathrm{g}}{M\,[\mathrm{g/mol}]}}{\dfrac{100}{1000}\,\mathrm{kg}}$$

より，

$$M \fallingdotseq 204\,\mathrm{g/mol}$$

である。よって，求める平均分子量(見かけの分子量)は，204 である。

以上より，③が正解である。

c　一部の安息香酸はベンゼン溶液中で二量体を形成するため，溶液中に存在する溶質粒子の物質量の総和は，実際にベンゼンに溶かした安息香酸の物質量よりも小さくなる。

イメージ　5個の安息香酸のうち，4個が二量体を形成した場合

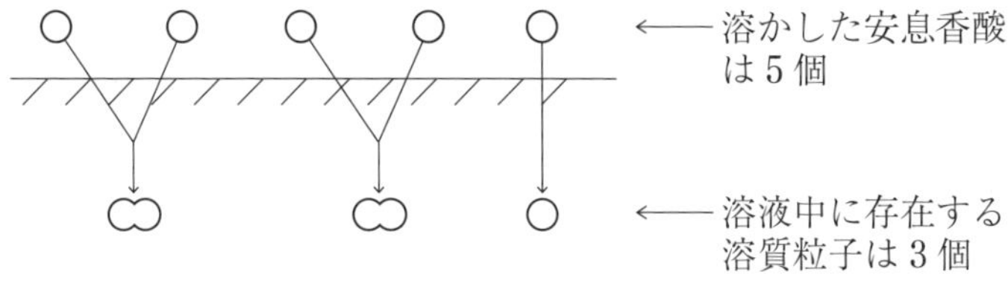

よって，

$$\frac{3.00\,\mathrm{g}}{122\,\mathrm{g/mol}} > \frac{3.00\,\mathrm{g}}{M\,[\mathrm{g/mol}]}$$

より，

$$M > 122$$

となる。

以上より，②が正解である。

問2　【エステルの合成】 33 正解：②　標準　34 正解：②　標準　35 正解：①　やや難

a　一般に，**混合液を加熱して液体成分を取り出す操作を「蒸留」という。**下線部(i)では，反応液から液体成分である未反応のエタノールを取り除くため，「蒸留」が適切である。なお，「昇華」は混合物を加熱して昇華性物質を昇華させて取り出す操作，「抽出」は物質の溶媒に対する溶解性の違いを利用して目的物質を取り出す操作である。

また，一般に，**固体と液体の混合物からろ紙などを用いて固体と液体を分離する操作を「ろ過」という。**下線部(iv)では，反応液と粒状の塩化カルシウムを分離するため，「ろ過」が適切である。なお，「再結晶」は温度による溶解度の差を利用して物質を精製する操作である。

以上より，②が正解である。

b　安息香酸とエタノールから安息香酸エチルが生成する反応の化学反応式は次の通りである。

$$C_6H_5\text{-}COOH + C_2H_5OH \rightleftarrows C_6H_5\text{-}COOC_2H_5 + H_2O$$

よって，安息香酸1 molから安息香酸エチル1 molが生成するので，「反応式から計算して求めた生成物(安息香酸エチル)の物質量」は，

$$\frac{2.00\ \text{g}}{122\ \text{g/mol}} \fallingdotseq 0.0164\ \text{mol}$$

であり，「実際に得られた生成物(安息香酸エチル)の物質量」は，

$$\frac{1.60\ \text{g}}{150\ \text{g/mol}} \fallingdotseq 0.0107\ \text{mol}$$

である。よって，求める収率は，

$$\frac{0.0107\ \text{mol}}{0.0164\ \text{mol}} \times 100 \fallingdotseq 65.2\ \%$$

である。

以上より，②が正解である。

c 下線部(ii)，(iii)は，それぞれ“未反応の安息香酸”および“水分”を除去することで，得られた酢酸エチルを精製する操作である。(ii)では，未反応の安息香酸を塩に変えて水層に移動させる。また，(iii)では乾燥剤(粒状の無水塩化カルシウム)により水分を除去している。よって，これらの操作を行わない場合，安息香酸エチルに安息香酸や水分の質量が加わることになるため，いずれの場合も真の値よりも大きくなる。

以上より，①が正解である。

解答・解説編
予想問題・第2回

解　答

問題番号（配点）	設問	解答番号	正解	配点
第1問（20）	1	1	4	3
	2	2	6	2
		3	5	2
	3	4	1	3
	4	5	1	2
		6	3	2
		7	1	2
		8	4	4
第2問（20）	1	9	2	3
	2	10	2	3
	3	11	1	4
		12	4	3
	4	13	2	4*
		14	1	
		15	2	
		16	2	3
第3問（20）	1	17	3	4
	2	18	4	4
		19	3	4
	3	20	3	4
		21	4	4

問題番号（配点）	設問	解答番号	正解	配点
第4問（20）	1	22	2	3
	2	23	4	3
	3	24	3	4
		25	4	3
	4	26	4	3
	5	27	3	4
第5問（20）	1	28	4	5
	2	29	5	5
	3	30	3	5
	4	31	4	5

（注）＊は，全部を正しくマークしている場合のみ正解とする。

第1問　元素の性質，物質量と数，希薄溶液の性質，結晶格子 

解法のポイント

問1　元素A～Eを特定し，各元素の基本的な知識を基に判断する。

問2　$^{1}H_2O$と$^{2}H_2O$の分子量の違いに注意して，それぞれのH_2O分子の物質量を計算し，水素原子の数を求める。

問3　希薄溶液の性質(蒸気圧降下，沸点上昇，凝固点降下，浸透圧)は，電離によって生じたイオンも含めた，溶質粒子全体の濃度が大切になる。よって，**溶質が電解質であるか，非電解質であるかを意識することがポイント**である。

問4　**a**　単位格子の立方体の**中心に位置しているイオンは1個，面心に位置しているイオンは$\frac{1}{2}$個，頂点に位置しているイオンは$\frac{1}{8}$個**であることから，各イオンの数を数える。

b　A^{4+}とB^{2-}が接していることから，**R_AとR_Bを用いて立方体の一辺を表す**ことができる。また，B^{2-}とC^{2+}が接していることから，**R_BとR_Cを用いて立方体の一辺を表す**ことができる。これより，R_A，R_B，R_Cの関係式をつくる。

設問解説

問1　【元素の性質】　1　正解：④　やや易　思

元素A～Eは，それぞれ次の通りである。

A：**He**，B：**Be**，C：**O**，D：**Si**，E：**Cl**

周期＼族	1	2	3～12	13	14	15	16	17	18
1	H								**He**
2	Li	**Be**		B	C	N	**O**	F	Ne
3	Na	Mg		Al	**Si**	P	S	**Cl**	Ar

①…正　一般に，18族元素(貴(希)ガス)の原子は，安定な電子配置をもつため，価電子は，0とみなす。

②…正　一般に，2族元素の原子は，最外殻電子2個を放出して2価の陽イオンになりやすい。

③…正　酸素Oには，酸素O_2とオゾンO_3といった同素体が存在する。

④…誤　ケイ素Siは非金属元素である。よって，この記述は誤りである。

⑤…正　一般に，電子親和力が大きい元素の原子ほど，最外殻に電子を1個取り込んで，1価の陰イオンになりやすい。17族元素(ハロゲン)は，同一周期の元素のうちで，最も電子親和力が大きい。

以上より，④が正解である。

＋αの知識　**◆金属元素と非金属元素**

周期表上で，下図の太線が『金属元素』と『非金属元素』の境界である。

周期＼族	1	2	3	4	5	6	7	8	9	10	11	12	13	14	15	16	17	18
1	H									非金属元素								He
2	Li	Be			金属元素								B	C	N	O	F	Ne
3	Na	Mg											Al	Si	P	S	Cl	Ar
4	K	Ca	Sc	Ti	V	Cr	Mn	Fe	Co	Ni	Cu	Zn	Ga	Ge	As	Se	Br	Kr
5	Rb	Sr	Y	Zr	Nb	Mo	Tc	Ru	Rh	Pd	Ag	Cd	In	Sn	Sb	Te	I	Xe
6	Cs	Ba	ランタノイド	Hf	Ta	W	Re	Os	Ir	Pt	Au	Hg	Tl	Pb	Bi	Po	At	Rn

問2　【物質量と数】　2　**正解**：⑥　3　**正解**：⑤

標準　思

各H_2O分子の物質量は，それぞれ次の通りである。

$$^{1}H_2O\cdots \frac{10\,\text{g}}{18\,\text{g/mol}} \fallingdotseq 0.555\,\text{mol}$$

$$^{2}H_2O\cdots \frac{10\,\text{g}}{20\,\text{g/mol}} = 0.50\,\text{mol}$$

また，H_2O分子1 molに含まれる水素原子は2 molのため，各H_2O分子に含まれる水素原子の数は，それぞれ次の通りである。

$$^{1}H_2O\cdots 0.555\,\text{mol} \times 2 \times 6.0 \times 10^{23}/\text{mol}$$
$$= 6.66 \times 10^{23} \fallingdotseq 6.7 \times 10^{23}\,\text{個}$$

$$^{2}H_2O\cdots 0.50\,\text{mol} \times 2 \times 6.0 \times 10^{23}/\text{mol}$$
$$= 6.0 \times 10^{23}\,\text{個}$$

問3　【希薄溶液の性質】　4　**正解**：①　標準

①…誤　一般に，溶液の蒸気圧は純溶媒の蒸気圧よりも低くなる。このような現象を蒸気圧降下という。ここで，純水の100℃における蒸気圧は1.013×10^5 Paなので，次ページの図より，水溶液の100℃における蒸気圧は1.013×10^5 Paよりも低い。

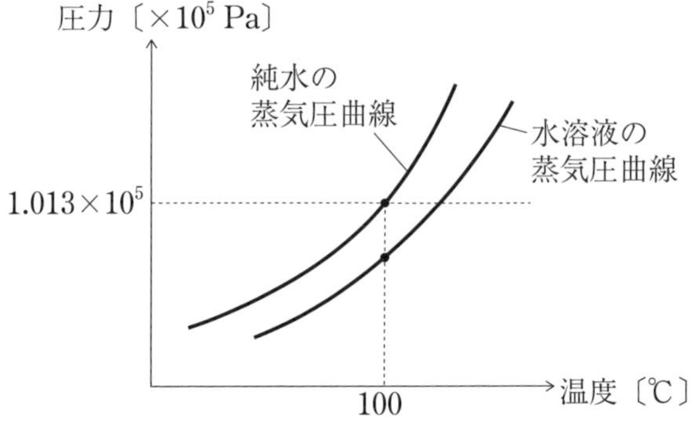

よって，この記述は誤りである。

②…正　希薄溶液では，溶液の沸点上昇度は溶液中の溶質粒子の質量モル濃度に比例する。ここで，塩化カルシウムは水溶液中で次のように電離する。

$$CaCl_2 \longrightarrow Ca^{2+} + 2Cl^-$$

よって，0.20 mol/kg の塩化カルシウム水溶液の溶質粒子の質量モル濃度は，

$$0.20\ \text{mol/kg} \times 3 = 0.60\ \text{mol/kg}$$

である。また，スクロースは非電解質であり，0.50 mol/kg のスクロース水溶液の溶質粒子の質量モル濃度は 0.50 mol/kg である。以上より，沸点上昇度は「塩化カルシウム水溶液＞スクロース水溶液」であり，塩化カルシウム水溶液の沸点のほうが高い。

③…正　水溶液を冷却していくと，凝固点になっても凝固せず，さらに温度が低下することがある。このような現象を，過冷却という。

④…正　希薄溶液では，一定温度の溶液の浸透圧は溶液中の溶質粒子のモル濃度に比例する。ここで，塩化ナトリウムは水溶液中で次のように電離する。

$$NaCl \longrightarrow Na^+ + Cl^-$$

よって，0.10 mol/L の塩化ナトリウム水溶液の溶質粒子のモル濃度は，

$$0.10\ \text{mol/L} \times 2 = 0.20\ \text{mol/L}$$

である。また，グルコースは非電解質であり，0.20 mol/L のグルコース水溶液の溶質粒子のモル濃度は 0.20 mol/L である。以上より，グルコース水溶液と塩化ナトリウム水溶液の浸透圧は等しい。

以上より，正解は①である。

問4 【結晶格子】 5 正解：① 6 正解：③
7 正解：① やや易 思
8 正解：④ やや難 思

a 下の図のように，立方体の中心に位置している原子は1個であり，単位格子に含まれる A^{4+} の数は1個である。また，立方体の面心に位置している原子は $\frac{1}{2}$ 個であり，単位格子に含まれる B^{2-} の数は，

$$\frac{1}{2}\text{個} \times 6 = 3\text{個}$$

である。さらに，立方体の頂点に位置している原子は $\frac{1}{8}$ 個であり，単位格子に含まれる C^{2+} の数は，

$$\frac{1}{8}\text{個} \times 8 = 1\text{個}$$

である。

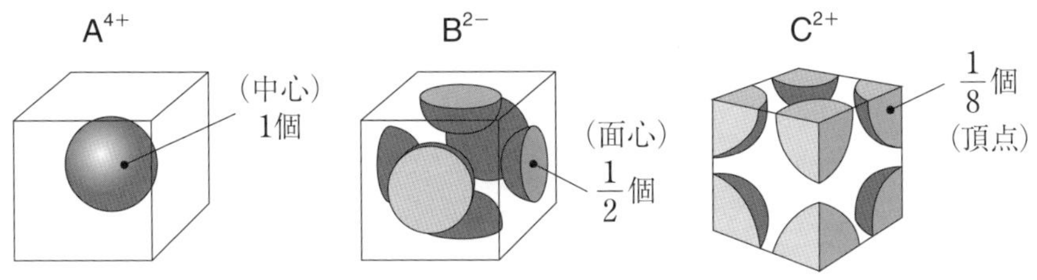

以上より， 5 は①， 6 は③が正解である。

b A^{4+} と B^{2-} が接していることから，**R_A と R_B を用いて立方体の一辺を表す**と，

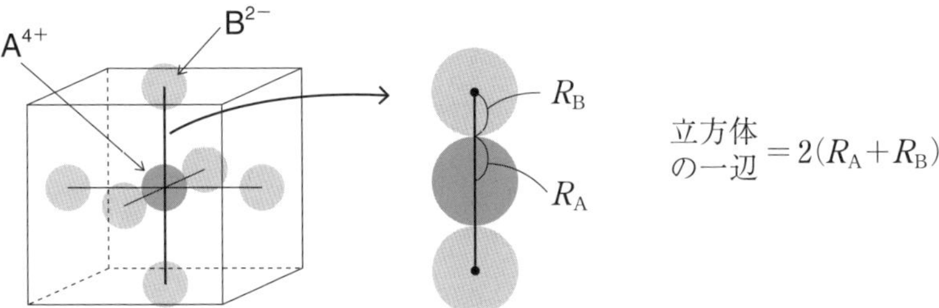

$$\text{立方体の一辺} = 2(R_A + R_B)$$

また，B^{2-} と C^{2+} が接していることから，**R_B と R_C を用いて立方体の一辺を表す**と，

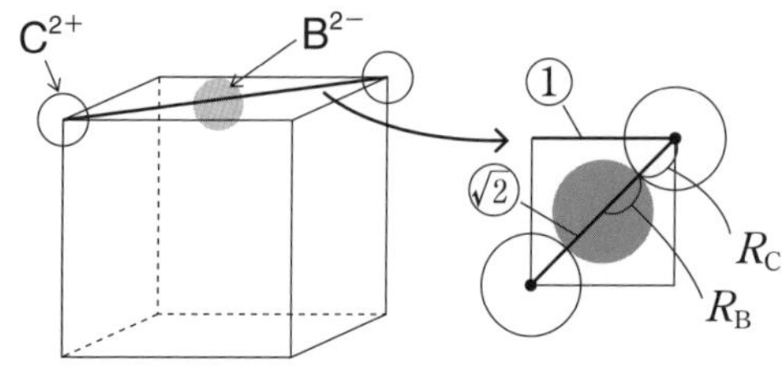

$$1 : \sqrt{2} = \text{立方体の一辺} : 2(R_B + R_C)$$

$$\text{立方体の一辺} = \frac{2(R_B + R_C)}{\sqrt{2}}$$

よって，

$$2(R_A + R_B) = \frac{2(R_B + R_C)}{\sqrt{2}}$$

$$R_A = \frac{(\sqrt{2} - 2)R_B + \sqrt{2}R_C}{2}$$

である。

以上より，④が正解である。

第2問 熱化学方程式／平衡移動／鉛蓄電池／水溶液の電気分解 標準

解法のポイント

問1　反応熱に関する基本的な知識を基に判断する。

問2　「反応速度」と「平衡移動(ルシャトリエの原理)」は，それぞれ区別して考えることが大切である。②は「反応速度」，①，③，④は「平衡移動(ルシャトリエの原理)」に関する記述である。

問3　**a**　**正極では PbO_2 が $PbSO_4$，負極では Pb が $PbSO_4$ に変化する**ため，これらの式量の変化の割合を求める。

b　化学電池に関する基本的な知識を基に判断する。

問4　**a**　図3より，60分後の鉛電極の質量変化を読み取り，流れた電子の物質量を求め，白金電極で発生した気体の体積を計算する。

b　60分間で流れた電気量を求め，**電気量〔C〕＝電流〔A〕×時間〔s〕**の関係より，電流の値を計算する。

設問解説

問1　**【熱化学方程式】**　9　正解：②　標準　思

燃焼熱は，物質1molが完全燃焼したときに発生する熱量である。また，**生成熱は，物質1molが構成元素の単体から生成するときに発生または吸収する熱量**である。

ここで，与えられた熱化学方程式を，次のように(ⅰ)～(ⅳ)とおく。

$$H_2(\text{気})+\frac{1}{2}O_2(\text{気})=H_2O(\text{液})+286\,\text{kJ} \quad \cdots\cdots(\text{i})$$

$$C(\text{黒鉛})+\frac{1}{2}O_2(\text{気})=CO(\text{気})+111\,\text{kJ} \quad \cdots\cdots(\text{ii})$$

$$C(\text{黒鉛})+O_2(\text{気})=CO_2(\text{気})+394\,\text{kJ} \quad \cdots\cdots(\text{iii})$$

$$C(\text{黒鉛})+2H_2(\text{気})=CH_4(\text{気})+75\,\text{kJ} \quad \cdots\cdots(\text{iv})$$

①…正　(ⅰ)は，水素の燃焼熱と水(液)の生成熱の両方を表した式である。

②…誤　黒鉛を完全燃焼させると二酸化炭素になるため，(ⅲ)が黒鉛の燃焼熱を表した式であり，(ⅱ)は，黒鉛の燃焼熱を表した式ではない。よって，この記述は誤りである。

③…正　(ⅲ)－(ⅱ)より，次の熱化学方程式が得られる。

$$CO(\text{気})+\frac{1}{2}O_2(\text{気})=CO_2(\text{気})+283\,\text{kJ}$$

よって，一酸化炭素の燃焼熱は283 kJ/molである。

④…正　(ⅲ)は，二酸化炭素の生成熱を表した熱化学方程式である。

⑤…正　2×(ⅰ)+(ⅲ)−(ⅳ)より，次の熱化学方程式が得られる。

$$CH_4(気)+2O_2(気)=CO_2(気)+2H_2O(液)+891\,kJ$$

よって，メタンの燃焼熱は891 kJ/molである。

以上より，⑵が正解である。

問2 【平衡移動】 10 **正解**：② 標準

①…正　ヨウ化水素を加えると，ヨウ化水素の濃度を減少させる方，つまりヨウ化水素の分解反応(逆反応)の方へ平衡が移動するため，水素の濃度が増加する。

②…誤　一般に，温度を上げると，反応速度が大きくなる。なお，可逆反応の場合，正反応と逆反応のいずれの反応速度も大きくなる。よって，この記述は誤りである。

③…正　温度と容積一定でアルゴンを加えても，水素，ヨウ素，ヨウ化水素の濃度は変化しないため，平衡は移動しない。

④…正　温度を下げると，発熱反応の方向，つまり正反応の方へ平衡が移動する。ここで，この反応の平衡定数Kは，次のように表される。

$$K=\frac{[HI]^2}{[H_2][I_2]}$$

よって，温度を下げると正反応の方へ平衡が移動することでヨウ化水素の濃度[HI]は増加し，水素の濃度$[H_2]$とヨウ素の濃度$[I_2]$は減少するため，平衡定数Kは大きくなる。

以上より，②が正解である。

問3 【鉛蓄電池】 11 **正解**：① 標準 思

12 **正解**：④ 標準

a　放電時，正極では，PbO_2が$PbSO_4$に変化しているため，SO_2(式量64)だけ増加している。

$$\boxed{PbO_2}+4H^++SO_4{}^{2-}+2e^-\longrightarrow\boxed{PbSO_4}+2H_2O$$

$+SO_2$（式量64）

同様に，負極では，Pbが$PbSO_4$に変化しているため，SO_4(式量96)だけ増加している。

$$\boxed{Pb}+SO_4{}^{2-}\longrightarrow\boxed{PbSO_4}+2e^-$$

$+SO_4$（式量96）

よって，正極の質量変化は，負極の質量変化の

$\frac{64}{96} \fallingdotseq 0.666$ 倍　　　つまり，0.67 倍となる。

以上より，①が正解である。

b　リチウムイオン電池は，スマートフォンやノート PC などのバッテリーに利用される二次電池である。なお，マンガン乾電池，酸化銀電池，リチウム電池，アルカリマンガン乾電池はすべて一次電池である。

問 4　【水溶液の電気分解】 13 14 15 **正解**：②，①，②
16 **正解**：②

a　鉛蓄電池を 60 分間放電後，図 3 より，鉛電極の質量増加は，

$$10.90 - 10.00 = 0.90\,\mathrm{g}$$

であり，増加した SO_4 の物質量は，

$$\frac{0.90\,\mathrm{g}}{96\,\mathrm{g/mol}} \fallingdotseq 9.37 \times 10^{-3}\,\mathrm{mol}$$

である。よって，流れた電子の物質量は，

$$9.37 \times 10^{-3}\,\mathrm{mol} \times 2 \fallingdotseq 1.87 \times 10^{-2}\,\mathrm{mol}$$

である。ここで，陽極と陰極における反応は，それぞれ次の通りである。

陽極：$2Cl^- \longrightarrow Cl_2 + 2e^-$

陰極：$Cu^{2+} + 2e^- \longrightarrow Cu$

よって，発生した気体は塩素であり，その体積は，

$$1.87 \times 10^{-2} \times \frac{1}{2} \times 22.4\,\mathrm{L/mol} \times 10^3 \fallingdotseq 2.1 \times 10^2\,\mathrm{mL}$$

である。

以上より，13 は②，14 は①，15 は②が正解である。

b　60 分間で流れた電気量は，

$$1.87 \times 10^{-2}\,\mathrm{mol} \times 9.65 \times 10^4\,\mathrm{C/mol} \fallingdotseq 1.80 \times 10^3\,\mathrm{C}$$

である。よって，流れた電流は，

$$\frac{1.80 \times 10^3\,\mathrm{C}}{60 \times 60\,\mathrm{s}} = 0.50\,\mathrm{A}$$

である。

以上より，②が正解である。

第3問 ハロゲン／アンモニアソーダ法 沈殿滴定

解法のポイント

問1　ハロゲンの化合物に関する基本的な知識を基に判断する。

問2　**a**　**アンモニアと二酸化炭素の水に対する溶解度の大きさの違い**を基に，炭酸ナトリウムの製法(アンモニアソーダ法)において，アンモニアを用いる理由を考える。

b　炭酸ナトリウムの製法(アンモニアソーダ法)に関わる物質に関する基本的な知識を基に判断する。

問3　**a**　混合溶液の塩化物イオン濃度 $[Cl^-]$ と銀イオン濃度 $[Ag^+]$ の積が，塩化銀の溶解度積 K_{sp} を超えているか否かで沈殿の有無を判断する。このとき，**溶液の混合による各イオンの濃度変化を考慮する**必要がある。

b　AgCl は白色沈殿，Ag_2CrO_4 は暗赤色沈殿であるため，AgCl，Ag_2CrO_4 の順に沈殿を生じる。よって，Ag_2CrO_4 の沈殿が生じ始めた点において，各イオンの濃度を $[CrO_4{}^{2-}]$ → $[Ag^+]$ → $[Cl^-]$ の順に求めればよい。

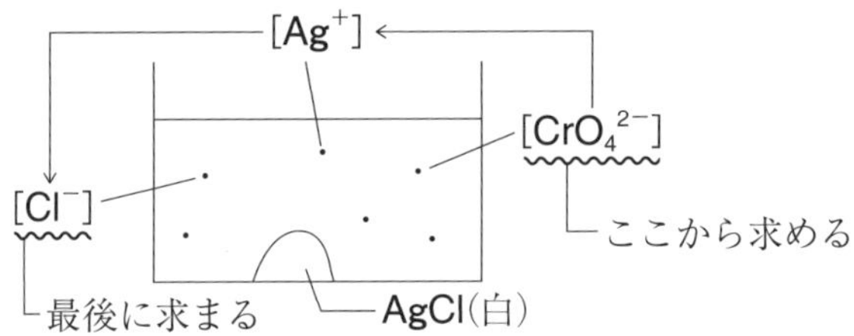

設問解説

問1　【ハロゲン】　17　**正解**：③　標準

ア…AgCl，AgBr，AgI は水に難溶性である。一方，AgF は水に溶けやすい。

イ…AgCl にアンモニア水を加えると，Ag^+ が NH_3 分子と錯イオン $[Ag(NH_3)_2]^+$ を形成し，AgCl が溶解する。

ウ…ハロゲン化水素の水溶液のうち，HF の水溶液は弱酸性，HCl，HBr，HI の水溶液はすべて強酸性である。さらに，HCl，HBr，HI の水溶液のうち，HI の水溶液が最も強い酸性を示す。これは，水素原子とハロゲン原子の結合の切れやすさから理解することができる。

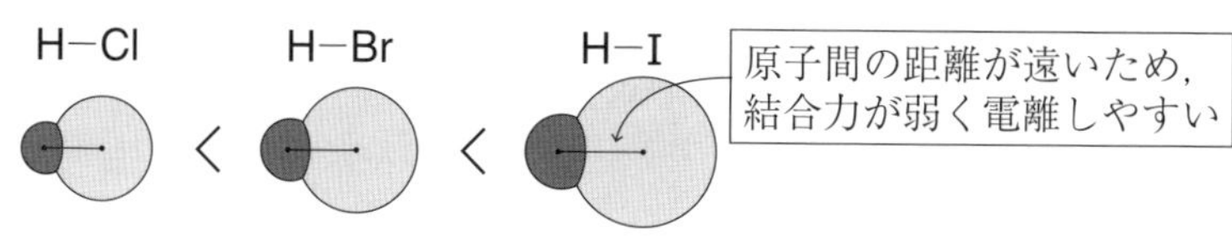

以上より，③が正解である。

問２【アンモニアソーダ法】 18 **正解**：④ 標準 思
19 **正解**：③ 標準

a　(ⅰ)の反応の化学反応式は，次の通りである。

(ⅰ)　$NaCl + H_2O + NH_3 + CO_2 \longrightarrow NaHCO_3 + NH_4Cl$

二酸化炭素の水に対する溶解度は比較的小さいため，工業的に多量に炭酸塩を得るのは難しい。そこで，**水に対する溶解度が非常に大きいアンモニア**を飽和塩化ナトリウム水溶液に吹き込み，水溶液を塩基性にした後，酸性の気体である二酸化炭素を吹き込むことで，二酸化炭素の溶解度を大きくすることができる。

よって，④が正解である。

b　(ⅱ)～(ⅴ)の反応の化学反応式は，それぞれ次の通りである。

(ⅱ)　$2NaHCO_3 \longrightarrow Na_2CO_3 + H_2O + CO_2$

(ⅲ)　$CaCO_3 \longrightarrow CaO + CO_2$

(ⅳ)　$CaO + H_2O \longrightarrow Ca(OH)_2$

(ⅴ)　$2NH_4Cl + Ca(OH)_2 \longrightarrow CaCl_2 + 2H_2O + 2NH_3$

①…正　(ⅰ)の反応では，水に対する溶解度が比較的小さい炭酸水素ナトリウムが白色沈殿として析出する。

②…正　(ⅰ)で反応する二酸化炭素が x〔mol〕であるとすると，生成する炭酸水素ナトリウムが x〔mol〕であり，(ⅱ)で得られる二酸化炭素は $\frac{1}{2}x$〔mol〕である。

③…誤　酸化カルシウム CaO は，生石灰と呼ばれる。なお，消石灰は水酸化カルシウム $Ca(OH)_2$ のことを指す。よって，この記述は誤りである。

④…正　(ⅳ)の反応は，大きな発熱を伴う反応である。

⑤…正　(ⅴ)の反応の化学反応式より，水酸化カルシウムと塩化アンモニウムが，物質量比 1：2 で反応する。

以上より，③が正解である。

問3 【沈殿滴定】 20 **正解**：③ 標準 21 **正解**：④ やや難

a 図1のグラフ上の点における$[Ag^+]$と$[Cl^-]$の積は，AgClの溶解度積を表している。$[Ag^+]=1.0\times10^{-5}$のとき，$[Cl^-]=1.8\times10^{-5}$であることより，AgClの溶解度積$K_{sp(AgCl)}$は，

$$K_{sp(AgCl)}=[Ag^+][Cl^-]=1.0\times10^{-5}\times1.8\times10^{-5}$$
$$=1.8\times10^{-10}\ (mol/L)^2$$

である。よって，水溶液中の$[Ag^+]$と$[Cl^-]$の積が1.8×10^{-10}を超えると，AgClの沈殿を生じる。ここで，ア～ウの操作では，塩化ナトリウム水溶液と硝酸銀水溶液を10 mLずつ加えて20 mLの水溶液としているため，**混合後の**各水溶液のモル濃度は$\frac{1}{2}$倍になる。

ア…混合後の$[Cl^-]=1.0\times10^{-5}\ mol/L\times\frac{1}{2}=0.50\times10^{-5}\ mol/L$

混合後の$[Ag^+]=3.0\times10^{-5}\ mol/L\times\frac{1}{2}=1.5\times10^{-5}\ mol/L$

よって，

$$[Cl^-][Ag^+]=0.50\times10^{-5}\times1.5\times10^{-5}$$
$$=7.5\times10^{-11}\ (mol/L)^2<1.8\times10^{-10}\ (mol/L)^2$$

➡沈殿を生じない

イ…混合後の$[Cl^-]=1.0\times10^{-5}\ mol/L\times\frac{1}{2}=0.50\times10^{-5}\ mol/L$

混合後の$[Ag^+]=6.0\times10^{-5}\ mol/L\times\frac{1}{2}=3.0\times10^{-5}\ mol/L$

よって，

$$[Cl^-][Ag^+]=0.50\times10^{-5}\times3.0\times10^{-5}$$
$$=1.5\times10^{-10}\ (mol/L)^2<1.8\times10^{-10}\ (mol/L)^2$$

➡沈殿を生じない

ウ…混合後の$[Cl^-]=1.0\times10^{-5}\ mol/L\times\frac{1}{2}=0.50\times10^{-5}\ mol/L$

混合後の$[Ag^+]=9.0\times10^{-5}\ mol/L\times\frac{1}{2}=4.5\times10^{-5}\ mol/L$

よって，

$$[Cl^-][Ag^+]=0.50\times10^{-5}\times4.5\times10^{-5}$$
$$=2.25\times10^{-10}\ (mol/L)^2>1.8\times10^{-10}\ (mol/L)^2$$

➡沈殿を生じる

以上より，③が正解である。

b　AgCl は白色，Ag_2CrO_4 は暗赤色なので，硝酸銀水溶液を加えていくと，始めに AgCl が沈殿し，後から Ag_2CrO_4 が沈殿する。Ag_2CrO_4 の暗赤色沈殿が生じたとき，CrO_4^{2-} の濃度は，

$$1.0 \times 10^{-3}\,\text{mol/L} \times \frac{45\,\text{mL}}{50\,\text{mL}} = 9.0 \times 10^{-4}\,\text{mol/L}$$

であり，Ag^+ の濃度は，$K_{sp} = [Ag^+]^2[CrO_4^{2-}]$ より，

$$[Ag^+]^2 = \frac{K_{sp}}{[CrO_4^{2-}]} = \frac{9.0 \times 10^{-12}}{9.0 \times 10^{-4}}$$

$$[Ag^+] = 1.0 \times 10^{-4}\,\text{mol/L}$$

である。よって，このときの Cl^- の濃度は，$K_{sp(AgCl)} = [Ag^+][Cl^-]$ より，

$$[Cl^-] = \frac{K_{sp(AgCl)}}{[Ag^+]} = \frac{1.8 \times 10^{-10}}{1.0 \times 10^{-4}} = 1.8 \times 10^{-6}\,\text{mol/L}$$

である。

以上より，④が正解である。

第4問　炭化水素，アニリンの製法，$C_4H_{10}O$ の異性体，核酸，フェノール樹脂

解法のポイント

問1　異性体の分類を正しく理解できているかどうかがポイントである。異性体は，大きく「構造異性体」と「立体異性体」に分類される。

異性体
- **構造異性体**…原子の結合順序が異なる
- **立体異性体**…原子の結合順序は同じであるが，立体的な配置が異なる

問2　窒素を含む芳香族化合物の反応に関する基本的な知識を基に判断する。

問3　a　分子式 $C_4H_{10}O$ で表される化合物の異性体のうち，**金属ナトリウムと反応しない化合物**の数を数える。

b　アルコールの反応に関する基本的な知識を基に判断する。

問4　核酸(DNA，RNA)に関する基本的な知識を基に判断する。

問5　本問のように，反応前後の質量の差$(70-58=12\ \text{g})$がわかっている場合，**その差が何を表すのか**に着目して計算を進めるとよい。

設問解説

問1【炭化水素】 22　**正解**：②　標準

①…正　一般に，分子の形がよく似た分子どうしでは，分子量が大きいほどファンデルワールス力が強くはたらくため，沸点が高くなる。よって，直鎖構造のアルカンは，炭素数が多いほど分子量が大きく，沸点が高い。

②…誤　アルケンとシクロアルカンは，ともに一般式 C_nH_{2n} で表される。また，アルケンは C=C 結合を1つもつ鎖式炭化水素であり，シクロアルカンは環状構造を1つもつ環式炭化水素であり，炭素数が等しいアルケンとシクロアルカンは互いに構造異性体の関係にある。なお，シス－トランス異性体や鏡像異性体のように，原子の結合の順序は同じであるが，原子や原子団の空間的な配置が異なる異性体を立体異性体という。よって，この記述は誤りである。

③…正　アルケン C_nH_{2n} を完全燃焼させたときの反応は，次のように表される。

$$C_nH_{2n} + \frac{3n}{2}O_2 \longrightarrow nCO_2 + nH_2O$$

よって，アルケンの炭素数 n によらず，完全燃焼で生成する二酸化炭素と水の物質量比は，1：1である。

④…正　アルキンは C≡C 結合を1つもつ鎖式炭化水素であり，一般式

C_nH_{2n-2} で表される。よって，アルキンは，炭素数が等しいアルケン C_nH_{2n} よりも水素原子の数が2つ少ない。

以上より，②が正解である。

問2　【アニリンの製法】　23　**正解**：④　やや易　思

リード文より，化合物 b ⟶ 化合物 c の反応はアニリンの**ジアゾ化**，化合物 c ⟶ 化合物 d の反応は塩化ベンゼンジアゾニウムの**ジアゾカップリング**と考えられる。

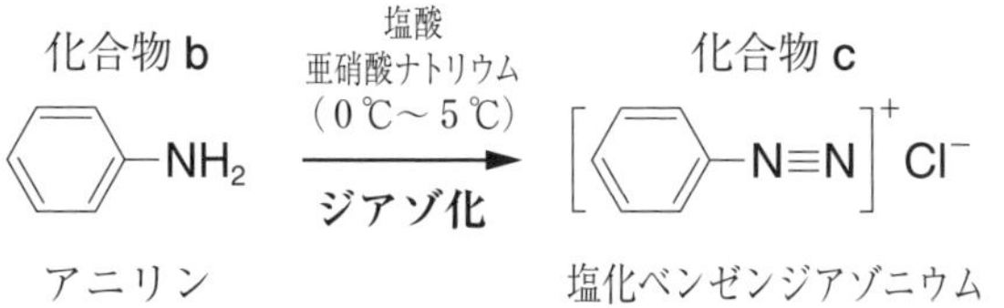

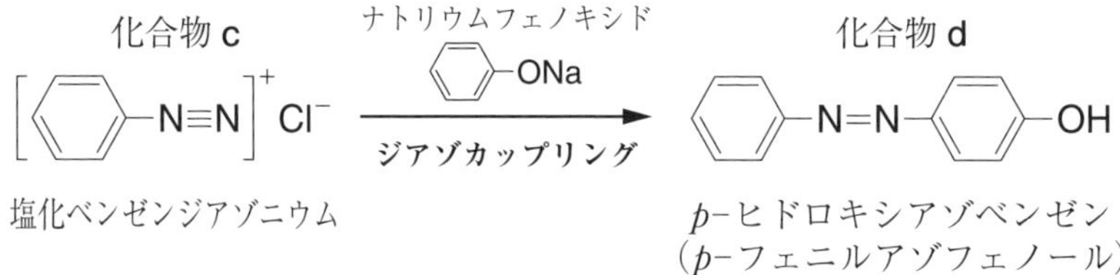

よって，b はアニリンであり，［ア］はニトロベンゼンを還元してアニリンの塩を得るための試薬である。

以上より，適当な試薬は塩酸とスズである。

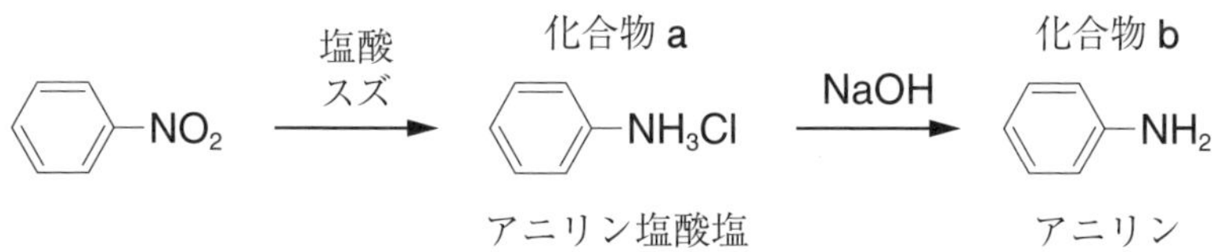

問3　【$C_4H_{10}O$ の異性体】　24　**正解**：③　標準　思

25　**正解**：④　やや難　思

a　実験Ⅰより，化合物 Y はヒドロキシ基をもたないため，考えられる構造は，次の3通りである。

$CH_3-CH_2-O-CH_2-CH_3$　　$CH_3-CH_2-CH_2-O-CH_3$　　$CH_3-CH(CH_3)-O-CH_3$

b　一般に，$CH_3-\underset{\underset{O}{\|}}{C}-$Ⓡ または $CH_3-\underset{\underset{OH}{|}}{CH}-$Ⓡ（Ⓡ＝水素原子，または炭化水素基）の構造をもつ化合物にヨウ素と水酸化ナトリウム水溶液を加えて温めると，ヨードホルム CHI_3 の黄色沈殿を生じる。この反応を**ヨードホルム反応**という。**実験Ⅱ**より，X はヨードホルム反応を示すため，その構造は次の通りである。

$$CH_3-CH_2-\boxed{\underset{}{\overset{OH}{\overset{|}{CH}}}-CH_3}$$

← ヨードホルム反応を示す構造

よって，Z として考えられる構造は，次の 3 通りである。

$$CH_3-CH_2-CH_2-\overset{OH}{\overset{|}{CH_2}} \qquad CH_3-\underset{\underset{CH_3}{|}}{CH}-\overset{OH}{\overset{|}{CH_2}} \qquad CH_3-\underset{\underset{CH_3}{|}}{\overset{OH}{\overset{|}{C}}}-CH_3$$

第一級アルコール　　　第一級アルコール　　　第三級アルコール

①…カルボキシ基 $-COOH$ をもつ化合物（カルボン酸）は，炭酸水素ナトリウム水溶液と反応して二酸化炭素を発生する。**上記の 3 通りの化合物はいずれもカルボキシ基をもたない**ため，この操作では，Z の構造を決めることはできない。

②…ベンゼン環に結合したヒドロキシ基 C_6H_5-OH をもつ化合物（フェノール類）は，塩化鉄（Ⅲ）水溶液と反応して，赤～青紫色に呈色する。**上記の 3 通りの化合物はいずれもベンゼン環に結合したヒドロキシ基をもたない**ため，この操作では，Z の構造を決めることはできない。

③…ホルミル基（アルデヒド基）$-CHO$ をもつ化合物（アルデヒド）は，アンモニア性硝酸銀水溶液と反応して，銀鏡を生じる。**上記の 3 通りの化合物はいずれもホルミル基（アルデヒド基）をもたない**ため，この操作では，Z の構造を決めることはできない。

④…第一級アルコールは，硫酸酸性の過マンガン酸カリウム水溶液によって酸化され，アルデヒドを経てカルボン酸になる。一方，第三級アルコールは酸化反応に対して安定であり，硫酸酸性の過マンガン酸カリウム水溶液によって酸化されない。上記の 3 通りの化合物のうち，**2 つは第一級アルコールであり，過マンガン酸カリウム水溶液（赤紫色）と反応し，溶液の色が無色になる**。一方，**残り 1 つは第三級アルコールであり，過マンガン酸カリウム水溶液（赤紫色）と反応せず，溶液の色が消えずに残る**。よって，

Zが第三級アルコールであり，この実験によってその構造を決めることができたと考えられる。

以上より，④が正解である。

問4 【核酸】 26 **正解**：④ 標準

①…正　核酸は，五炭糖(構成元素C，H，O)，塩基(構成元素C，H，N，O)，リン酸(構成元素H，O，P)からなるヌクレオチドを基本単位とした高分子化合物である。よって，核酸を構成する元素は，C，H，N，O，Pの5種類である。

②…正　RNAに含まれる五炭糖はリボース，DNAに含まれる五炭糖はデオキシリボースである。

③…正　DNAに含まれる塩基はアデニンA，チミンT，グアニンG，シトシンCの4種類，RNAに含まれる塩基はアデニン，ウラシルU，グアニンG，シトシンCの4種類である。よって，シトシンCとアデニンAは，DNAとRNAの両方に含まれる共通の塩基である。

④…誤　DNAの二重らせん構造は，アデニンAとチミンT，およびグアニンGとシトシンCの間に形成される水素結合によって維持されている。

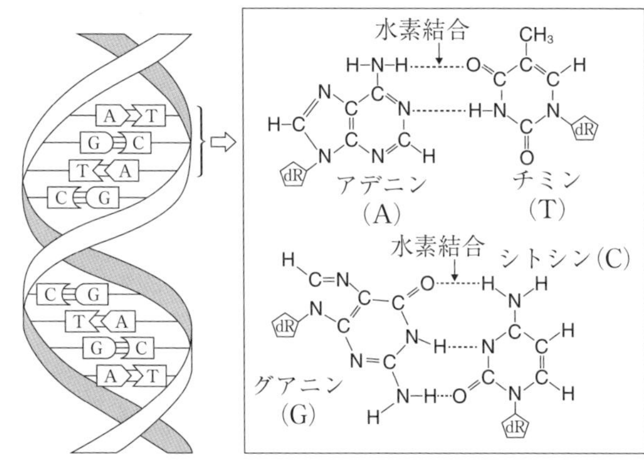

よって，この記述は誤りである。

以上より，④が正解である。

問5 【フェノール樹脂】 27 正解：③ やや難

フェノールにホルムアルデヒド1分子が作用したとき，炭素1原子が加わることになる。

$$\text{2 C}_6\text{H}_5\text{OH} + \text{HCHO} \longrightarrow \text{HO-C}_6\text{H}_4\text{-CH}_2\text{-C}_6\text{H}_4\text{-OH} + \text{H}_2\text{O}$$

炭素1原子が加わる

ここで，反応の前後で質量が(70 − 58＝)12 g 増加したことから，加えられた炭素原子の物質量は，

$$\frac{12\,\text{g}}{12\,\text{g/mol}} = 1.0\,\text{mol}$$

である。よって，反応したホルムアルデヒドは 1.0 mol であり，用いたホルムアルデヒド水溶液の質量は，

$$1.0\,\text{mol} \times 30\,\text{g/mol} \times \frac{100}{40} = 75\,\text{g}$$

である。

以上より，③が正解である。

第5問 天然有機化合物 標準

解法のポイント

問1　銀鏡反応とヨウ素デンプン反応を示す化合物に関する知識を基に判断する。

問2　酵素の主成分であるタンパク質に関する基本的な知識を基に判断する。

問3　ラフィノースに含まれる2つのグリコシド結合のうち，**いずれか一方の結合を加水分解したときに生じる2種類の二糖類**の構造から判断する。

問4　ラフィノース1分子あたりに含まれる炭素原子の数を基に，ラフィノース1 mol の完全燃焼で生じる二酸化炭素の物質量を判断する。

設問解説

問1 【糖類の反応】 28 **正解**：④ やや難 思

α-グルコース2分子からなる二糖類のマルトースは，分子中に開環部分をもつため，水溶液中でホルミル基(アルデヒド基)を生じる。そのため，マルトースの水溶液は還元性を示す。

開環部分　ホルミル基(アルデヒド基)

マルトース

一方，α-グルコースとβ-フルクトースからなる二糖類のスクロースは，各単糖類の開環部分でグリコシド結合しているため，水溶液中でホルミル基(アルデヒド基)を生じない。よって，スクロースの水溶液は還元性を示さない。

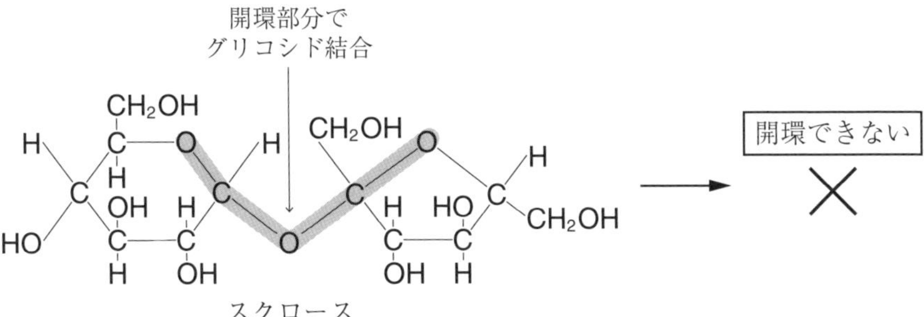

スクロース

ラフィノースは，α-ガラクトース，α-グルコース，β-フルクトースがいずれも開環部分でグリコシド結合した構造をもつ三糖類であるため，水溶液中でホルミル基(アルデヒド基)を生じない。よって，ラフィノースの水溶液は還元性を示さない。

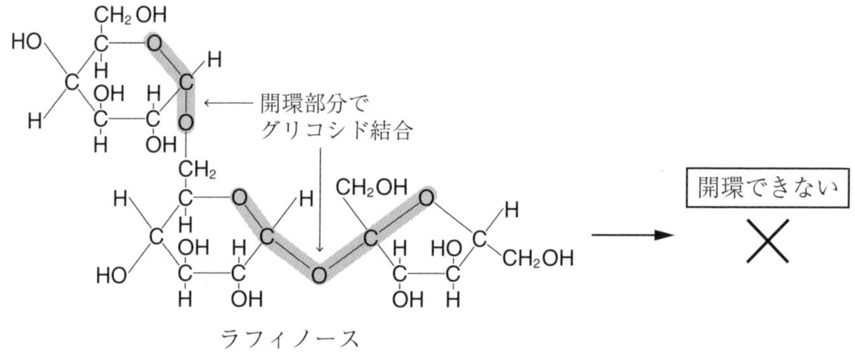

ラフィノース

また，α-グルコースの重合体であるデンプン水溶液にヨウ素溶液を加えると，青～青紫色に呈色する。これをヨウ素デンプン反応という。これは，デンプン分子のらせん構造の内部にヨウ素分子が取り込まれることで起こる反応である。

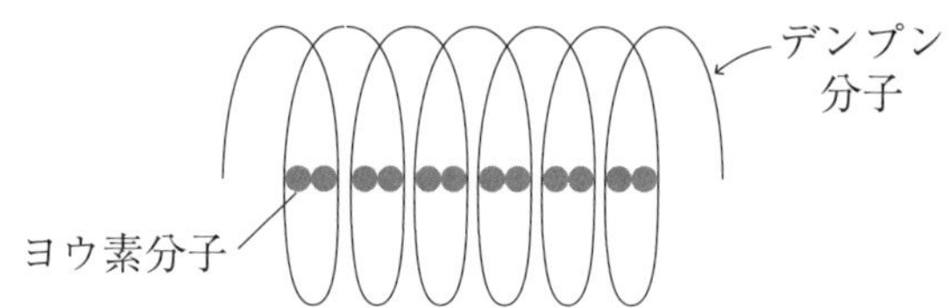

ラフィノースの水溶液ではこのような反応は起こらない。

以上より，④が正解である。

問2 【酵素反応】 29 正解：⑤ やや難 思

一般に，化学反応の反応速度は，高温ほど大きくなる。しかし，酵素反応では，ある温度まで温度が高くなると，酵素の主成分であるタンパク質の熱変性が起こり，立体構造が変化するため，酵素としてのはたらきがなくなる。このように，酵素の触媒作用がなくなることを，酵素の**失活**という。なお，酵素が触媒作用を示すときの反応速度が最大になる温度を，**最適温度**といい，多くは35℃～40℃付近である。

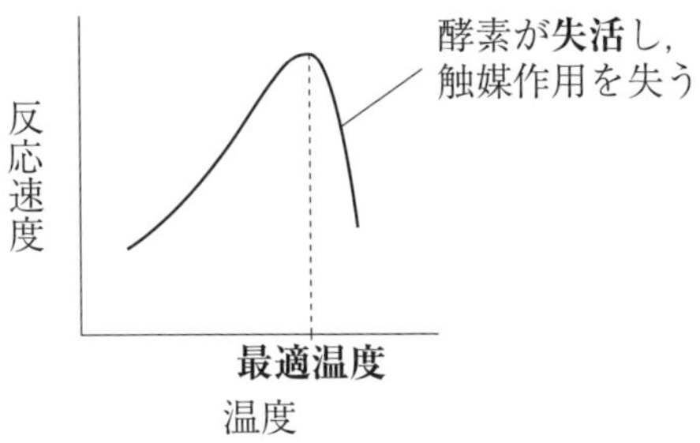

よって，⑤が正解である。

問3 【二糖類の構造】 30 正解：③ 標準 思

ラフィノースに含まれる2つのグリコシド結合のうち1つを加水分解(ⓐまたはⓑ)して得られる二糖類(i)，(ii)の構造は，それぞれ下の通りである。

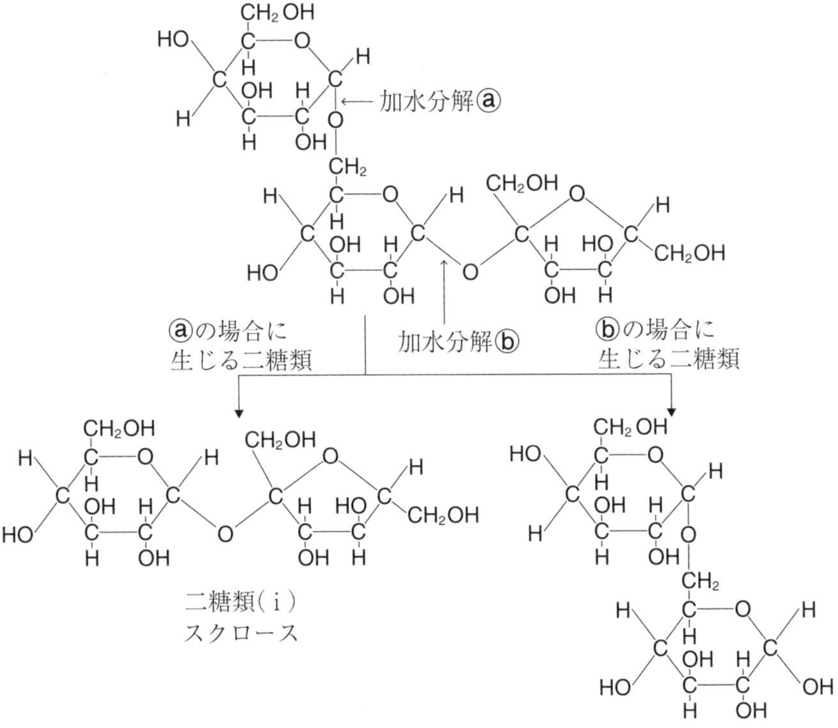

加水分解ⓐ

加水分解ⓑ

ⓐの場合に
生じる二糖類

ⓑの場合に
生じる二糖類

二糖類(i)
スクロース

二糖類(ii)

このうち，二糖類(ⅰ)は，スクロースである。なお，ラクトースは，β-ガラクトースの1位の炭素のヒドロキシ基とα-グルコースの4位の炭素のヒドロキシ基でグリコシド結合した二糖類であり，二糖類(ⅱ)とは異なる。

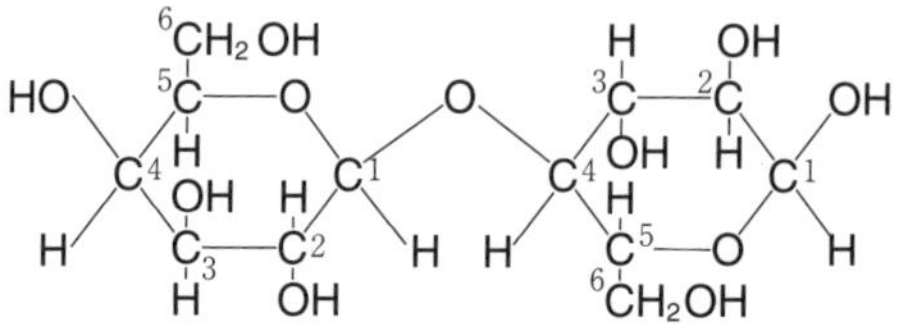

ラクトース

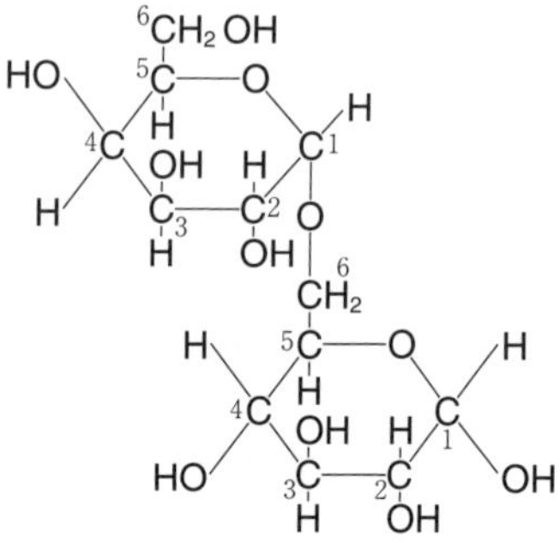

二糖類(ⅱ)

問4 【有機化合物の完全燃焼】 31 **正解**：④ 標準 思

六炭糖の三糖類である**ラフィノース1分子に含まれる炭素原子の数は18個**なので，**ラフィノース1 molの完全燃焼で発生する二酸化炭素は18 mol**である。よって，ラフィノース10.0 gの完全燃焼で発生する二酸化炭素の0℃，1.013×10^5 Paのもとでの体積は，

$$\frac{10.0\,\text{g}}{504\,\text{g/mol}} \times 18 \times 22.4\,\text{L/mol} = 8.00\,\text{L}$$

である。

解答・解説編
予想問題・第3回

解　答

問題番号(配点)	設問	解答番号	正解	配点
第1問(20)	1	1	2	4
	2	2	5	4
	3	3	5	4
	4	4	3	4
		5	2	4
第2問(20)	1	6	4	4
	2	7	4	4
	3	8	4	4
		9	5	4
		10	5	4
第3問(20)	1	11	2	3
		12	3	3
	2	13	3	4
	3	14	6	3
		15	2	3
		16	1	4

問題番号(配点)	設問	解答番号	正解	配点
第4問(20)	1	17	4	4
	2	18	4	3
	3	19	6	4
	4	20	1	3
	5	21	4	3
		22	2	3
第5問(20)	1	23	2	4
		24	3	4
		25	6	4*
		26	9	
		27	1	
	2	28	4	4
	3	29	1	4

(注) *は，全部を正しくマークしている場合のみ正解とする。

第1問　分子の極性と原子の電子配置，理想気体と実在気体，硫酸銅(Ⅱ)五水和物

解法のポイント

問1　分子の極性は，**分子の形を基に電荷の偏りを考える**必要がある。また，多くの分子では，分子中の原子が，その原子と最も原子番号が近い貴ガス原子と同じ電子配置をとる。

問2　**ア**は，共有結合の結晶に関する基本的な知識を基に判断する。**イ**と**ウ**は，与えられた単位格子の図を基に判断する。

問3　理想気体は，実在気体に存在する「分子間力」および「分子自身の体積」を無視した気体であることを基に判断する。

	理想気体	実在気体
分子間力	なし	あり
分子自身の体積	なし	あり

問4　**a**　化合物Aは選択肢のいずれかであり，いずれも化学式中にCuを1つ含むため，**用いた $CuSO_4 \cdot 5H_2O$ の物質量とAの物質量は等しい**ことに着目して求めればよい。

b　用いた $CuSO_4 \cdot 5H_2O$ 62.5 g に含まれる水の質量を考慮することができるかがポイントである。

設問解説

問1　**【分子の極性と原子の電子配置】**　1　正解：②　やや易

ア　Cl_2 分子は，Cl－Cl 結合に極性をもたないため，無極性分子である。また，CO_2 分子は，直線形であり，C＝O 結合の極性が分子全体で打ち消されるため，無極性分子である。一方，$CHCl_3$ 分子と H_2O 分子は，それぞれ四面体形，折れ線形であり，分子内の結合の極性が分子全体で打ち消されることなく，極性分子である。

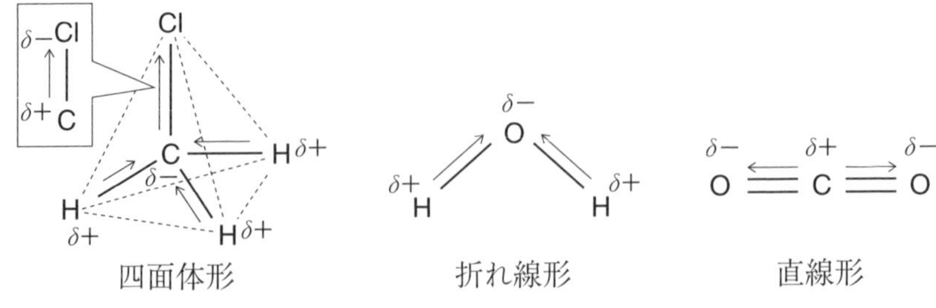

イ　$CHCl_3$ 分子中の H 原子は He 原子，C 原子は Ne 原子，Cl 原子は Ar 原子と同じ電子配置である。また，H_2O 分子中の H 原子は He 原子，O 原子は Ne 原子と同じ電子配置である。

以上より，②が正解である。

+α の知識

$CHCl_3$ と異なり，CH_4 や CCl_4 などは分子が“正”四面体形であり，分子内の C－H 結合および C－Cl 結合の極性が分子全体で打ち消されるため，無極性分子である。

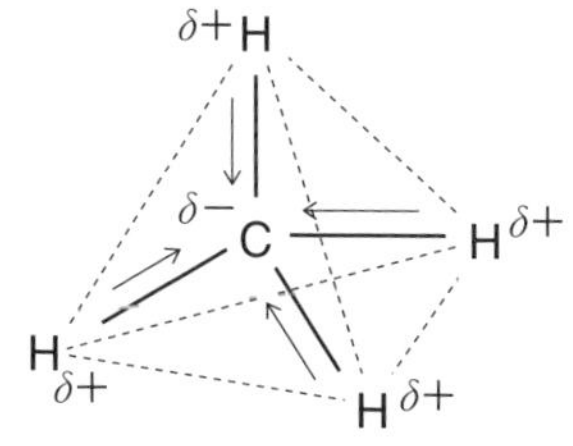

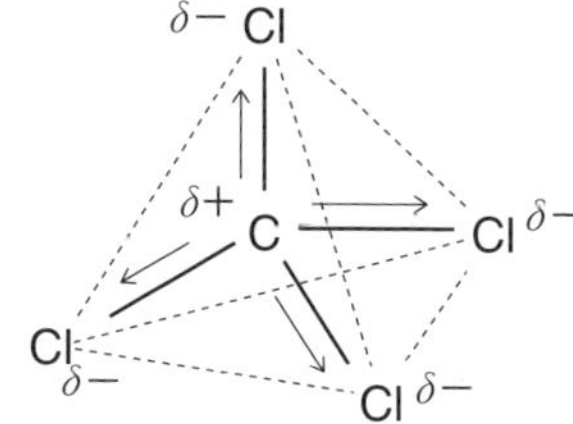

問 2　【ケイ素の結晶】　2　正解：⑤　やや易

ア…正　炭素とケイ素はともに周期表の 14 族元素であり，ダイヤモンドとケイ素の結晶は，同じ構造(図 1)をもつ。

イ…誤　下図のように，1 つのケイ素原子に接する他のケイ素原子の数は 4 個である。よって，この記述は誤りである。

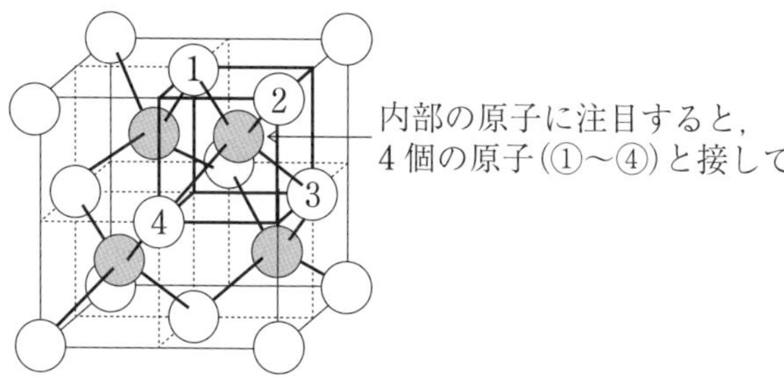

ウ…正　単位格子の頂点に位置する原子は $\frac{1}{8} \times 8$ 個，面心に位置する原子は $\frac{1}{2} \times 6$ 個，内部に位置する原子は 1×4 個である。よって，単位格子に含まれるケイ素原子の数の合計は，

$$\frac{1}{8} \times 8 + \frac{1}{2} \times 6 + 1 \times 4 = 8 \text{ 個}$$

である。

以上より，⑤が正解である。

問3　【理想気体と実在気体】　3　**正解**：⑤　標準

Ⅰ…誤　低温の条件下では，気体分子の熱運動が穏やかであり，実在気体の分子間力がはたらきやすい。なお，一般に，実在気体は「高温・低圧」の条件下で理想気体に近づく。

Ⅱ…正　理想気体は，分子間力がはたらかないため，冷却しても凝縮することなく，常に気体として存在する。

Ⅲ…正　水素 H_2 は窒素 N_2 よりも分子の大きさが小さく，また分子量が小さいため分子間力も弱い。よって，同温，同圧の条件下で，一定量の水素は同じ物質量の窒素よりも理想気体に近い。

以上より，⑤が正解である。

問4　【硫酸銅(Ⅱ)五水和物】　4　**正解**：③　標準

5　**正解**：②　やや難

a　用いた $CuSO_4 \cdot 5H_2O$ の物質量と点Aの状態において存在する銅の化合物の物質量は等しい。ここで，点Aの状態における銅の化合物の質量は約70 mgであり，この化合物のモル質量を M〔g/mol〕とおくと，硫酸銅(Ⅱ)五水和物 $CuSO_4 \cdot 5H_2O$ のモル質量250 g/molを用いて次の関係式が成り立つ。

$$\frac{100 \times 10^{-3}\,\mathrm{g}}{250\,\mathrm{g/mol}} \fallingdotseq \frac{70 \times 10^{-3}\,\mathrm{g}}{M\,[\mathrm{g/mol}]}$$

よって，

$$M \fallingdotseq 175$$

であり，この値と最も近い式量の化合物は $CuSO_4 \cdot H_2O$（式量178）である。

以上より，③が正解である。

＋αの知識

青色の $CuSO_4 \cdot 5H_2O$ の結晶を加熱していくと，青白色の $CuSO_4 \cdot 3H_2O$ および $CuSO_4 \cdot H_2O$ を経て，150 ℃付近で白色の $CuSO_4$ となる。

$$CuSO_4 \cdot 5H_2O \longrightarrow CuSO_4 \cdot 3H_2O \longrightarrow CuSO_4 \cdot H_2O \longrightarrow CuSO_4$$

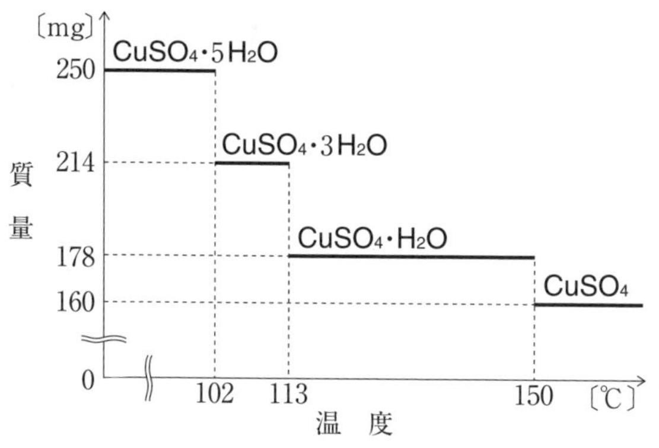

なお，$CuSO_4$（白）は水を吸収すると，水和物となって青色に変色するため，**水分の検出に利用される**。

b　62.5 g の $CuSO_4\cdot5H_2O$（式量 250）に含まれる $CuSO_4$（式量 160）の質量は，

$$62.5\,\text{g}\times\frac{160}{250}=40.0\,\text{g}$$

である。溶解度曲線より，60℃における硫酸銅(Ⅱ)の溶解度は，40 g/(100 g 水)であるため，62.5 g の $CuSO_4\cdot5H_2O$ を用いてつくった飽和溶液中の水の質量は 100 g である。ここで，62.5 g の $CuSO_4\cdot5H_2O$ に含まれる H_2O の質量は，

$$62.5-40.0=22.5\,\text{g}$$

であるため，必要な水の質量は，

$$100-22.5=77.5\,\text{g}$$

である。

以上より，②が正解である。

第 2 問　水溶液の電気分解，化学平衡，溶解熱と中和熱　

解法のポイント

問 1　各水溶液の電気分解における陽極および陰極で起こる反応を，正しく判断できるかがポイントである。

問 2　反応速度定数 k の値が何によって変化するのかを理解できているかがポイントである。

問 3　**a**　硝酸アンモニウムの水への溶解熱が“負の値”であることから判断する。

b　**表 1 のデータから得られるグラフを外挿する**ことによって温度変化を読み取り，その値を基に発生した熱量を計算する。

c　図 1 から，硫酸および水酸化ナトリウムの水への溶解熱が読み取れる。また，1 mol の硫酸をちょうど中和することができる水酸化ナトリウムは 2 mol であることに注意して計算する必要がある。

設問解説

問 1　**【水溶液の電気分解】**　6　**正解**：④　標準

①～④の水溶液を電気分解したとき，陽極と陰極でおこる反応のイオン反応式は，それぞれ次の通りである。

Na_2SO_4 水溶液……　陽極　$2H_2O \longrightarrow O_2 + 4H^+ + 4e^-$

　　陰極　$2H_2O + 2e^- \longrightarrow H_2 + 2OH^-$

$CuCl_2$ 水溶液……　陽極　$2Cl^- \longrightarrow Cl_2 + 2e^-$

　　陰極　$Cu^{2+} + 2e^- \longrightarrow Cu$

$AgNO_3$ 水溶液……　陽極　$2H_2O \longrightarrow O_2 + 4H^+ + 4e^-$

　　陰極　$Ag^+ + e^- \longrightarrow Ag$

NaCl 水溶液……　陽極　$2Cl^- \longrightarrow Cl_2 + 2e^-$

　　陰極　$2H_2O + 2e^- \longrightarrow H_2 + 2OH^-$

ここで，流れた電子の物質量を n〔mol〕とおくと，各水溶液の電気分解で発生する気体の物質量の合計は，それぞれ次の通りである。

Na_2SO_4 水溶液……陽極で O_2 が $\dfrac{n}{4}$〔mol〕，

陰極で H_2 が $\dfrac{n}{2}$〔mol〕発生 ➡ $\dfrac{3n}{4}$〔mol〕

$CuCl_2$ 水溶液……陽極で Cl_2 が $\dfrac{n}{2}$〔mol〕発生 ➡ $\dfrac{n}{2}$〔mol〕

$AgNO_3$ 水溶液……陽極で O_2 が $\frac{n}{4}$〔mol〕発生 ➡ $\frac{n}{4}$〔mol〕

NaCl 水溶液……陽極で Cl_2 が $\frac{n}{2}$〔mol〕,

陰極で H_2 が $\frac{n}{2}$〔mol〕発生 ➡ n〔mol〕

よって，流れた電子の物質量と発生した気体の物質量の合計が等しいのは，NaCl 水溶液の電気分解である。

以上より，④が正解である。

問 2 【化学平衡】 7 **正解**：④ やや易

①…正　平衡状態では，正反応の反応速度と逆反応の反応速度は等しく，見かけ上の反応が止まった状態となる。

②…正　式(1)の正反応が発熱反応であることから，生成物がもつエネルギーは反応物がもつエネルギーよりも小さく，反応の進行とエネルギーの変化は次のようになる。

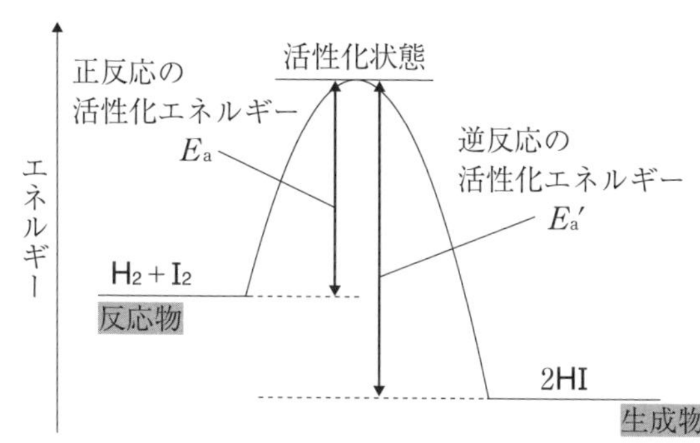

よって，正反応の活性化エネルギー E_a は，逆反応の活性化エネルギー E_a' よりも小さい。

③…正　平衡状態では，$v_1 = v_2$ より，

$$k_1[H_2][I_2] = k_2[HI]^2$$

$$\frac{k_1}{k_2} = \frac{[HI]^2}{[H_2][I_2]}$$

である。ここで，式(1)の平衡定数 K は，

$$K = \frac{[HI]^2}{[H_2][I_2]}$$

で表されるため，$K = \dfrac{k_1}{k_2}$ である。

④…誤　一般に，「温度を上げる」，「触媒を加える」ことによって反応速度 v は大きくなる。これは，「温度を上げる」，「触媒を加える」ことによって反応速度定数 k が大きくなることを意味する。

$$v = k \times [\text{反応物のモル濃度}]^x \quad (x：\text{反応次数})$$

↑ k の値は，$\left\{\begin{array}{l}\text{「温度を上げる」}\\ \text{「触媒を加える」}\end{array}\right\}$ ことによって大きくなる

よって，この記述は誤りである。

以上より，④が正解である。

+α の知識

“反応速度”と“平衡移動”は，それぞれ別々に考える必要がある。例えば，ある温度 T〔K〕における次の反応において，反応時間と HI の生成量〔mol〕の関係が下図の点線で表されるとする。

$$H_2 + I_2 \rightleftarrows 2HI \quad (+Q\,\text{kJ}) \qquad (Q > 0)$$

ここで，T〔K〕よりも低い温度で同様の反応が起こるとき，T〔K〕の場合と比べて「反応速度は小さく」なり，「平衡は右へ偏る」ため，反応時間と HI の生成量〔mol〕の関係は下図の実線で表される。

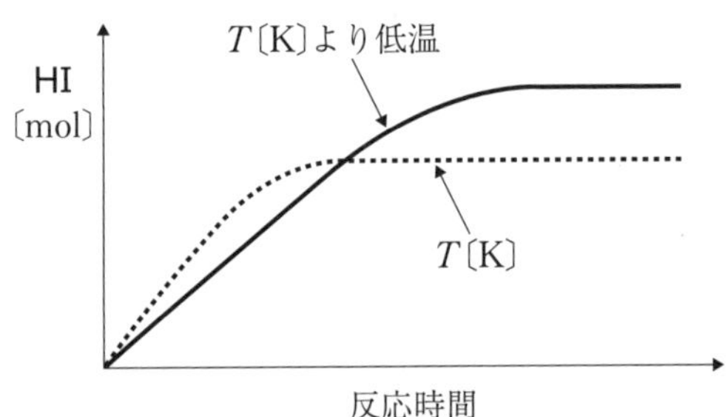

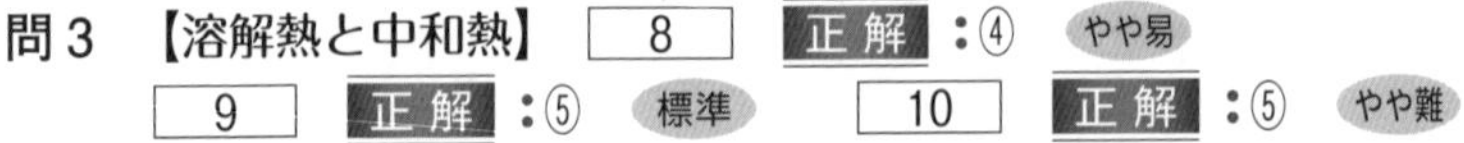

問 3　【溶解熱と中和熱】　[8]　**正解**：④　やや易
[9]　**正解**：⑤　標準　　[10]　**正解**：⑤　やや難

a　溶解熱が -26 kJ/mol であり，負の値であることから，硝酸アンモニウムの水への溶解は吸熱反応である。よって，硝酸アンモニウムが水に溶けるとき，水から熱を吸収するため，水温が下がる。

以上より，④が正解である。

b　表1より，水溶液の温度は20.0 ℃から29.0 ℃に上昇した後，再び温度が低下する。これは，発生した熱の一部が一定の割合で周囲に逃げていったためである。よって，熱の発生による真の最高到達温度は29.0 ℃ではない。ここで，表1の値を方眼紙を用いてグラフにしたものは，次の通りである。

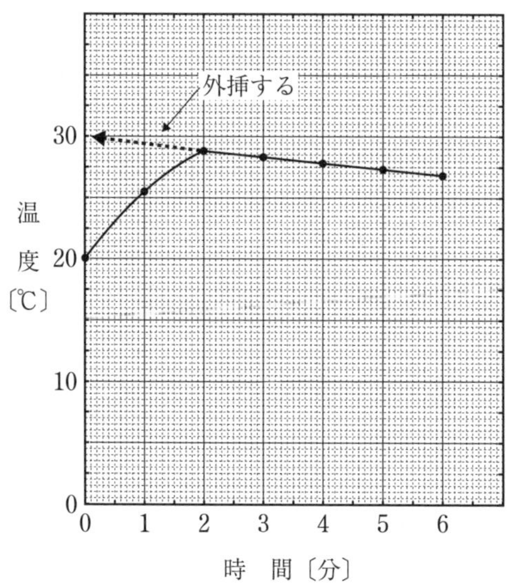

よって，真の最高到達温度は，熱の放冷を示す2分(29.0 ℃)以降の直線を0分まで伸ばした(この操作を“外挿する”という)点の温度であり，30.0 ℃である。これより，水溶液の温度変化は，30.0 − 20.0 = 10.0 K である。また，水溶液の質量は，

$$50\ \mathrm{mL} \times 1.0\ \mathrm{g/cm^3} + 2.0\ \mathrm{g} = 52\ \mathrm{g}$$

であるため，発生した熱量は，

$$4.2\ \mathrm{J/(g \cdot K)} \times 52\ \mathrm{g} \times 10.0\ \mathrm{K} = 2184\ \mathrm{J} \fallingdotseq 2.2\ \mathrm{kJ}$$

である。

以上より，⑤が正解である。

c　本問では，溶解熱と中和熱の両方を考える必要がある。1 mol の H_2SO_4 をちょうど中和する KOH は2 mol であり，このときに生成する H_2O は2 mol である。

$$H_2SO_4 + 2KOH \longrightarrow K_2SO_4 + 2H_2O$$

ここで，図1より，H_2SO_4(液)および KOH(固)の水への溶解熱は，それぞれ 95 kJ/mol，58 kJ/mol である。よって，

H_2SO_4(液) 1 mol の溶解による発熱量…… 95 kJ/mol × 1 mol = 95 kJ

KOH(固) 2 mol の溶解による発熱量…… 58 kJ/mol × 2 mol = 116 kJ

中和反応による発熱量…… 57 kJ/mol × 2 mol = 114 kJ

であり，求める熱量の総和は，

$$95 + 116 + 114 = 325\ \mathrm{kJ}$$

である。

以上より，⑤が正解である。

第3問　気体の製法・捕集法・乾燥剤，アルミニウム，錯イオン　標準

解法のポイント

問1　a　ア～ウで発生する気体が水に溶けやすいか否か，および空気よりも重いか否かから判断する。

b　ア～ウで発生する気体が，濃硫酸と反応するかどうかを考えればよい。

問2　両性金属の単体および化合物が“塩基”と反応するのは，**両性金属のイオンが水酸化物イオン OH^- と錯イオンを形成するため**であることを理解していたかがポイントである。

問3　a　$[Cu(NH_3)_4]^{2+}$ に関する基本的な知識を基に判断する。

b　Cu^{2+} の配位数が4，Ni^{2+} の配位数が6であることから判断できる。

c　bより，**1 mol の Ni^{2+} と反応するエチレンジアミンの物質量が分かる**ため，その値を基にエチレンジアミン溶液の体積を計算する。

設問解説

問1　【気体の製法，捕集法，乾燥剤】　11　正解：②　やや易

12　正解：③　標準

ア～ウの反応の化学反応式と，発生する気体の化学式は，それぞれ次の通りである。

ア　化学反応式：$FeS + H_2SO_4 \longrightarrow FeSO_4 + H_2S$

発生する気体：H_2S

イ　化学反応式：$2NH_4Cl + Ca(OH)_2 \longrightarrow CaCl_2 + 2H_2O + 2NH_3$

発生する気体：NH_3

ウ　化学反応式：$2KClO_3 \longrightarrow 2KCl + 3O_2$

発生する気体：O_2

a　気体の捕集法は，次のように判断する。

水に溶けにくい気体 ➡ **水上置換**
（H_2，O_2，N_2，CO，NO，O_3，C_nH_m 炭化水素など）
水に溶け，空気よりも軽い気体 ➡ **上方置換**
（NH_3）
水に溶け，空気よりも重い気体 ➡ **下方置換**
（HCl，HF，NO_2，Cl_2，H_2S，SO_2，CO_2）

よって，H_2S は下方置換，NH_3 は上方置換，O_2 は水上置換で捕集する。
以上より，②が正解である。

b　乾燥剤は，水蒸気を含む気体から水蒸気を除去するために用いられる。よって，乾燥させる気体と乾燥剤が反応してしまうような組み合わせは不適切である。気体の乾燥剤には次のようなものが用いられる。

	酸性物質	塩基性物質	中性物質
乾燥剤	濃硫酸 十酸化四リン	ソーダ石灰 酸化カルシウム	塩化カルシウム

NH_3 は塩基性の気体であり，酸性物質の濃硫酸と中和反応してしまうため，乾燥剤として濃硫酸を用いることはできない。一方，O_2 は中性の気体であり，濃硫酸と反応しないため，乾燥剤として濃硫酸を用いることができる。また，H_2S は酸性の気体であり，濃硫酸とは中和反応することはないが，酸化還元反応(H_2S が還元剤，濃硫酸が酸化剤)が起こってしまうため，乾燥剤として濃硫酸を用いることはできない。
以上より，③が正解である。

問 2　【アルミニウム】　13　正解：③　標準
①…正　アルミニウムイオンを含む水溶液に少量の水酸化ナトリウム水溶液を加えると，水酸化アルミニウム $Al(OH)_3$ の白色ゲル状沈殿を生じる。なお，さらに水酸化ナトリウム水溶液を過剰に加えると，錯イオン $[Al(OH)_4]^-$ を生じて沈殿が溶解する。
②…正　ジュラルミンは，アルミニウムの単体を主成分として，銅やマグネシウムを含んだ合金である。主成分がアルミニウムのため，ジュラルミンは軽量で丈夫であり，航空機の機体などに用いられている。
③…誤　アルミニウムは両性金属であり，単体は酸や強塩基の水溶液と反応して，水素を発生しながら溶解する。強塩基の水溶液と反応するときには，Al^{3+} が OH^- と錯イオン $[Al(OH)_4]^-$ を形成する。一方，弱塩基のアンモニアの水溶液には溶解しない。よって，この記述は誤りである。
④…正　ルビーやサファイアの主成分は酸化アルミニウムであり，ルビーにはクロム，サファイアにはチタンや鉄などの金属が含まれる。
以上より，③が正解である。

+α の知識
両性金属のイオン(Al^{3+}, Zn^{2+}, Sn^{2+}, Pb^{2+})は，OH^- と錯イオンをつくる。

➡ $[Al(OH)_4]^-$, $[Zn(OH)_4]^{2-}$, $[Sn(OH)_4]^{2-}$, $[Pb(OH)_4]^{2-}$

一方，Cu^{2+}，Zn^{2+}，Ag^+ などの金属イオンは，NH_3 と錯イオンつくる。

➡ $[Cu(NH_3)_4]^{2+}$, $[Zn(NH_3)_4]^{2+}$, $[Ag(NH_3)_2]^+$

よって，Zn^{2+} は“OH^-”および“NH_3”の両方と錯イオンをつくるため，注意する必要がある。

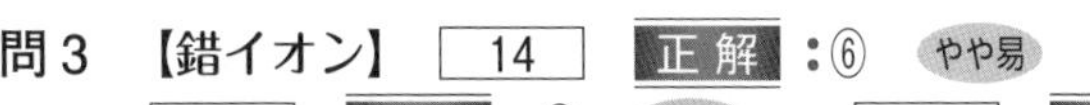

問3 【錯イオン】 14 正解：⑥ やや易

15 正解：② 標準　16 正解：① 標準

a $[Cu(NH_3)_4]^{2+}$ は正方形であり，また，水溶液は深青色である。

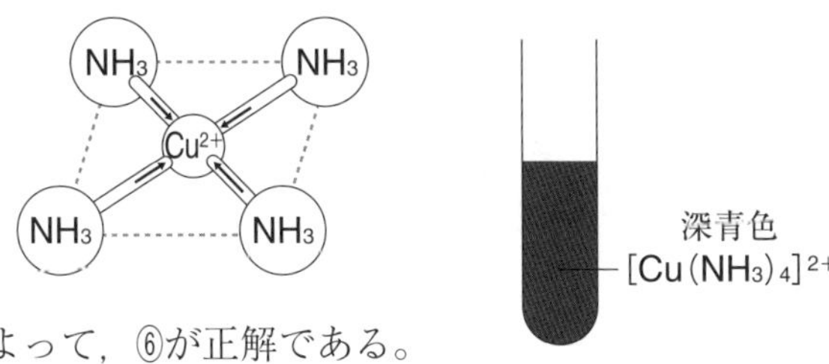

よって，⑥が正解である。

+α の知識

一般に，錯イオンの形は中心金属の配位数によって決まる。配位数が 2 の場合は直線形，4 の場合は正四面体形，6 の場合は正四面体形である。

(例) $[Ag(NH_3)_2]^+$ 直線形　(例) $[Zn(OH)_4]^{2-}$ 正四面体形　(例) $[Fe(CN)_6]^{3-}$ 正八面体形

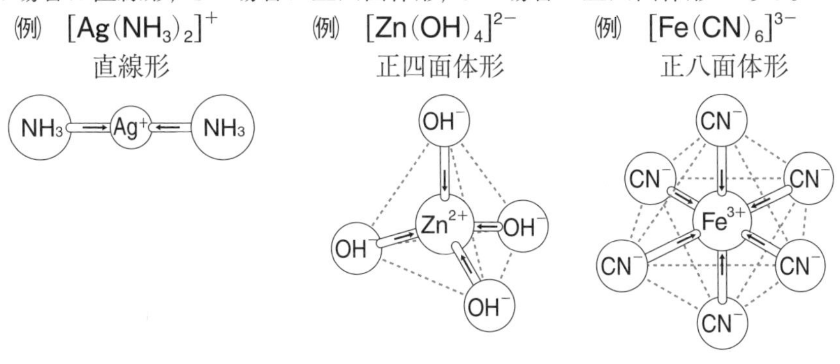

ただし，$[Cu(NH_3)_4]^{2+}$ は，Cu^{2+} の配位数が 4 であるが正方形となる。

b Cu^{2+} と Ni^{2+} は，それぞれ NH_3 分子と錯イオン $[Cu(NH_3)_4]^{2+}$，$[Ni(NH_3)_6]^{2+}$ をつくることから，Cu^{2+} には 4 組の非共有電子対，Ni^{2+} には 6 組の非共有電子対による配位結合が形成される。

●● 非共有電子対

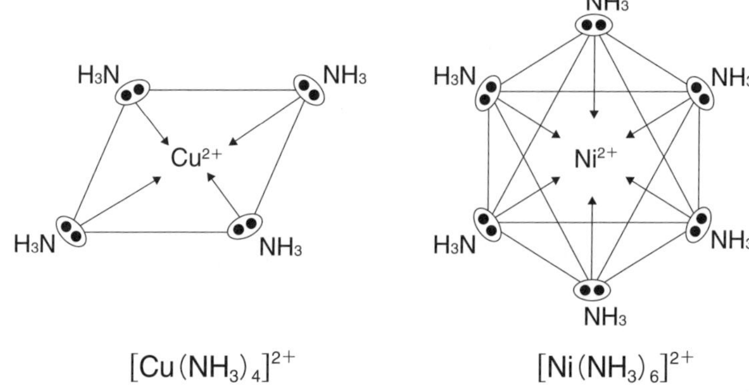

よって，図1のように，Cu^{2+} にはエチレンジアミン2分子が，また，Ni^{2+} にはエチレンジアミン3分子が配位結合する。

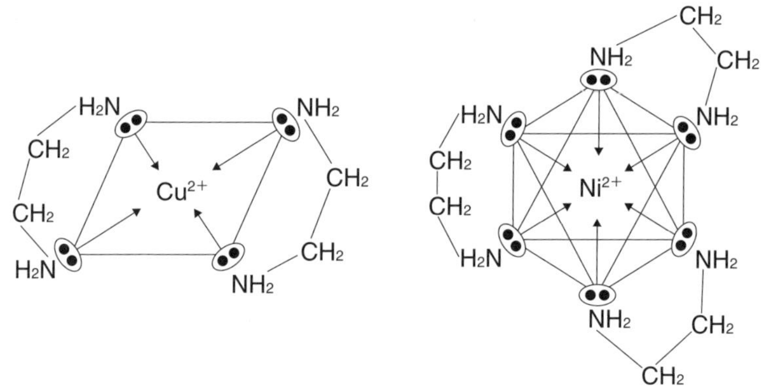

以上より，②が正解である。

c　b より，0.010 mol の Ni^{2+} に配位結合するエチレンジアミンは 0.030 mol である。よって，求める体積を x〔mL〕とおくと，次の関係式が成り立つ。

$$2.0\ \text{mol/L} \times \frac{x}{1000}\,[\text{mL}] = 0.030\ \text{mol}$$

よって，

$$x = 15\ \text{mL}$$

である。

以上より，①が正解である。

第4問 立体異性体・ヨードホルム反応，セッケン，芳香族化合物の異性体，高分子化合物，ナイロン66

解法のポイント

問1　鏡像異性体は互いに融点・沸点，および密度といった物理的性質が等しいこと，また，ヨードホルム反応を示す構造を覚えていれば解答できる。

問2　セッケンから生じる陰イオン($R-COO^-$)が“どのような金属イオンと水に不溶の塩を形成するのか”を覚えているかがポイントである。

問3　異なる2つの置換基をもつベンゼンの二置換体では，ベンゼン環に結合した水素原子1つを塩素原子に置き換えると，オルト体，メタ体では4種類，パラ体では2種類の異性体が考えられる。

問4　ビニルアルコールが直ちにアセトアルデヒドに変化することを覚えていれば解答できる。

問5　**a**　ナイロン66をヘキサメチレンジアミンとアジピン酸の縮合重合ではH_2O分子が脱離するが，ヘキサメチレンジアミンとアジピン酸ジクロリドの縮合重合ではHCl分子が脱離する。この反応を促進するために，水酸化ナトリウムを加えたと考えればよい。

b　“ナイロン”は脂肪族のポリアミド($-CONH-$)の総称であり，また，ナイロン66の“66”は，単量体のアミンとカルボン酸の炭素数を表していることを考えれば選択できる。

設問解説

問1　【立体異性体，ヨードホルム反応】　17　正解：④　やや易

互いに鏡像異性体の関係にある物質どうしは，融点・沸点，および密度などの物理的性質が等しい。一般に，分子内に不斉炭素原子をもつ化合物には1組の鏡像異性体が存在する。①～⑥のうち，分子内に不斉炭素原子($^*C$)をもつ化合物は，③と④である。

```
            OH
            |
③  CH3 - *CH - O - CH2 - CH3

           CH3  OH
            |    |
④  CH3 - CH - *CH - CH3
```

また，次のいずれかの構造をもつ化合物にヨウ素と水酸化ナトリウム水溶液を加えて温めると，ヨードホルムの黄色沈殿を生じる。このような反応をヨードホルム反応という。

$$R-\underset{\underset{O}{\|}}{C}-CH_3 \quad \text{または} \quad R-\underset{\underset{OH}{|}}{CH}-CH_3$$

（R 部分は炭化水素基または水素原子）

③と④のうち，この構造をもつ化合物は④である。

③ $\underset{\underset{}{}}{}CH_3-\overset{\overset{OH}{|}}{CH}-O-CH_2-CH_3$

ここに O 原子が結合していると，ヨードホルム反応を示さない。

④ $CH_3-\overset{\overset{CH_3}{|}}{CH}-\overset{\overset{OH}{|}}{CH}-CH_3$

ヨードホルム反応を示す構造

以上より，④が正解である。

+α の知識

鏡像異性体と異なり，互いにシス－トランス異性体の関係にある物質どうしは，沸点・融点，および密度などの物理的性質が大きく異なることもある。たとえば，マレイン酸の融点は約 131 ℃，フマル酸の融点は約 287 ℃である。これは，カルボキシ基による水素結合を，マレイン酸は分子内でも形成するのに対して，フマル酸は分子間でのみ形成するため，マレイン酸よりもフマル酸のほうが分子間力が強いからである。

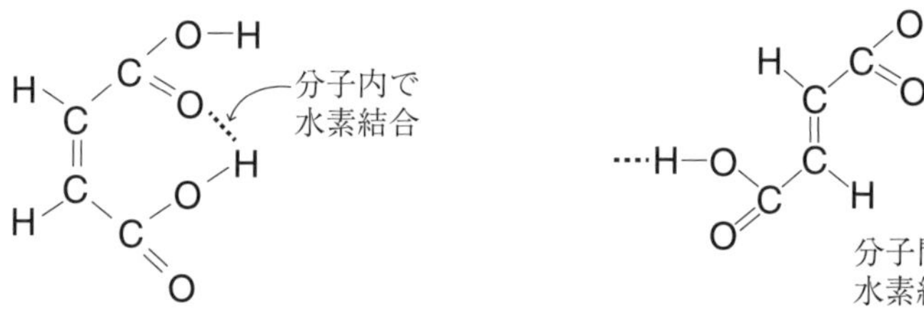

マレイン酸（融点：約 131 ℃）　　フマル酸（融点：約 287 ℃）

問 2　【セッケン】　18　正解：④　やや易

①…正　セッケンは，弱酸（カルボン酸）と強塩基からなる塩であり，水溶液中では次のような加水分解により，塩基性を示す。

$$R-COO^- + H_2O \rightleftarrows R-COOH + OH^-$$

②…正　セッケンは，分子内に疎水基と親水基を含んでおり，水溶液中では疎水基を内側に，親水基を外側に向けた集合体をつくる。このような集合体をミセルという。

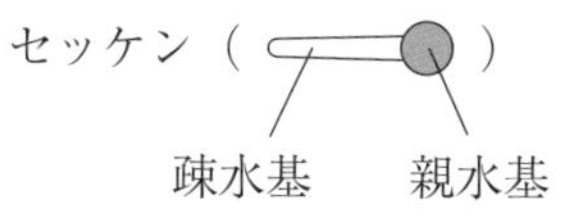

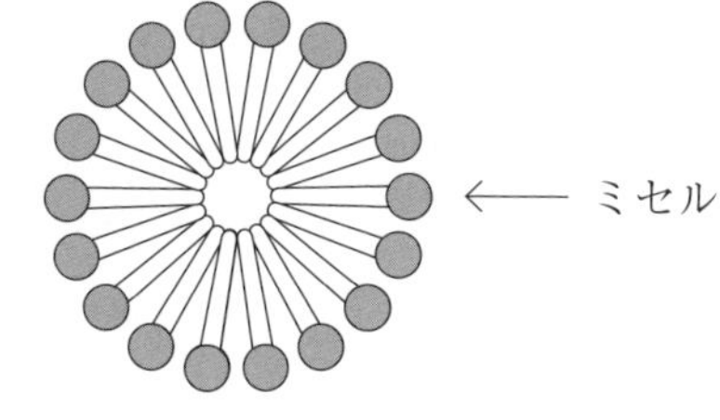

③…正　セッケンは，水と油，水と空気などの界面に配列することによって，水の表面張力を低下させる性質をもち，このような物質を界面活性剤という。

④…誤　セッケンは，Ca^{2+} や Mg^{2+} を多く含む水(硬水)中で使うと，次のように水に難溶性の塩を形成するため，洗浄力が低下する。

$$2R-COO^- + Ca^{2+} \longrightarrow (R-COO)_2Ca \downarrow$$

$$2R-COO^- + Mg^{2+} \longrightarrow (R-COO)_2Mg \downarrow$$

一方，Na^+ と水に難溶性の塩を形成することはない。よって，この記述は誤りである。

以上より，④が正解である。

問3　【芳香族化合物の異性体】　19　正解：⑥　標準

芳香族化合物 X 24.4 mg に含まれる各原子の質量は，それぞれ次の通りである。

$$\text{C 原子}\cdots 70.4\,\text{mg} \times \frac{12}{44} = 19.2\,\text{mg}$$

$$\text{H 原子}\cdots 18.0\,\text{mg} \times \frac{2.0}{18} = 2.0\,\text{mg}$$

$$\text{O 原子}\cdots 24.4 - (19.2 + 2.0) = 3.2\,\text{mg}$$

よって，各元素の物質量比は，

$$C : H : O = \frac{19.2}{12} : \frac{2.0}{1.0} : \frac{3.2}{16} = 1.6 : 2.0 : 0.20 = 8 : 10 : 1$$

であり，組成式は $C_8H_{10}O$ である。ここで，選択肢の化合物はすべて酸素原子を 1 つだけ含むため，X の分子式は $C_8H_{10}O$ であり，この分子式をもつ化合物は④，⑤，⑥である。また，これらの化合物のベンゼン環に結合した水素原子 1 つを塩素原子に置換した化合物には，④と⑤では 4 種類，⑥では 2 種類の異性体が存在する。

（→ はCl原子に置換する位置）

④ CH_2-CH_3, OH　4種類

⑤ CH_2-CH_3, OH　4種類

⑥ CH_2-CH_3, OH　2種類

以上より，⑥が正解である。

問4　【高分子化合物】 20 **正解**：① 標準

①…誤　ビニルアルコールは不安定な構造をしているため，直ちにアセトアルデヒドに変化(異性化)してしまう。そのため，ポリビニルアルコールは，ビニルアルコールの付加重合ではなく，酢酸ビニルの付加重合で得られるポリ酢酸ビニルを加水分解することによってつくられている。

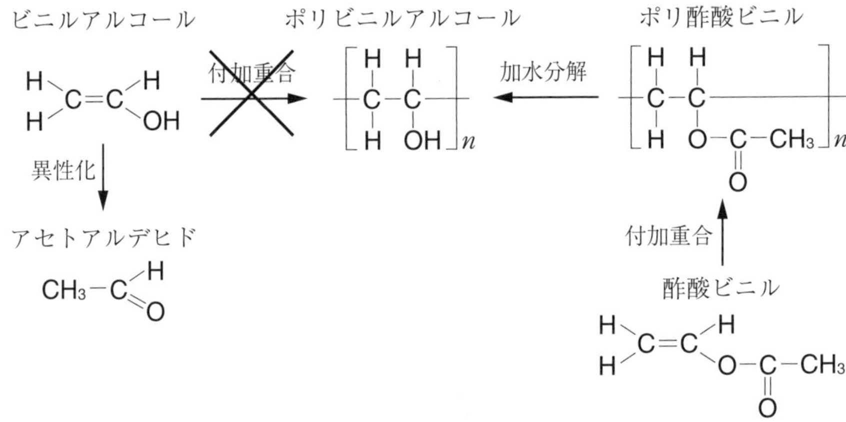

よって，この記述は誤りである。

②…正　合成樹脂(プラスチック)は，熱に対する性質によって分類される。加熱すると軟化する樹脂を**熱可塑性樹脂**，加熱しても軟化しない樹脂を**熱硬化性樹脂**という。熱可塑性樹脂にはポリエチレン，ポリプロピレン，ポリ塩化ビニルなど，熱硬化性樹脂にはフェノール樹脂，尿素樹脂，メラミン樹脂などがある。

③…正　天然ゴム(生ゴム)に硫黄を加えて加熱すると，分子のところどころに硫黄原子が結合して，分子どうしを結びつける。この操作を**加硫**といい，できた構造を架橋構造という。架橋構造ができると，ゴムの弾性，強

度，耐久性が増す。

④…正　ポリアクリル酸ナトリウムは，水を吸収すると－COONa が電離し，樹脂の内部のイオン濃度が増加する。そのため，浸透圧が大きくなりさらに多量の水を吸収する。吸収された水は，－COO^- や Na^+ と水和し，樹脂の内部に閉じ込められる。このような樹脂を吸水性高分子といい，紙おむつなどに利用されている。

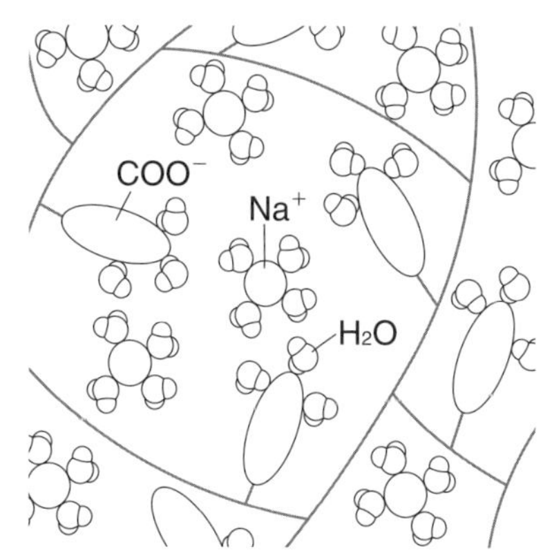

$$\left[\begin{array}{l}\mathrm{CH_2-CH} \\ \qquad\quad|\\ \qquad\mathrm{COONa}\end{array}\right]_n$$

ポリアクリル酸ナトリウム

以上より，①が正解である。

問 5　【ナイロン 66】 21 **正解**：④ 標準　22 **正解**：② やや易

a　ヘキサメチレンジアミンとアジピン酸ジクロリドの反応では，分子間から塩化水素 HCl 分子が取れることで縮合反応が進む。

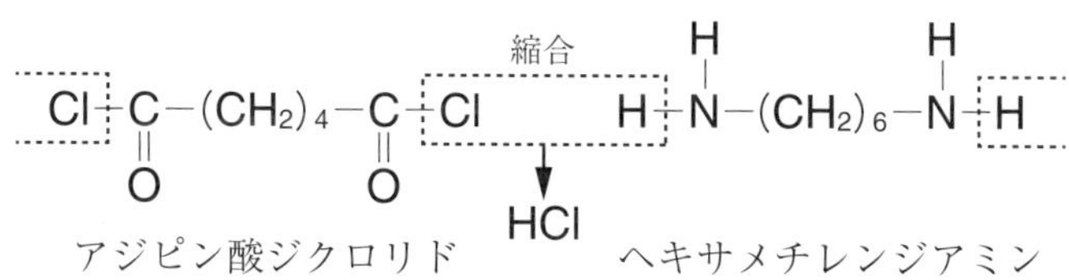

よって，水酸化ナトリウムは，生成した塩化水素を中和することで縮合反応を促進させるために加える。

以上より，④が正解である。

b　ヘキサメチレンジアミンとアジピン酸ジクロリドの縮合重合によって，次のようにナイロン 66 が生成する。

$$Cl-\underset{\underset{O}{\|}}{C}-(CH_2)_4-\underset{\underset{O}{\|}}{C}-Cl \quad H-\overset{\overset{H}{|}}{N}-(CH_2)_6-\overset{\overset{H}{|}}{N}-H$$

HCl

$$\xrightarrow{\text{縮合重合}} \left[\underset{\underset{O}{\|}}{C}-(CH_2)_4-\underset{\underset{O}{\|}}{C}-\overset{\overset{H}{|}}{N}-(CH_2)_6-\overset{\overset{H}{|}}{N} \right]_n$$

ナイロン66

以上より，②が正解である。

第5問 メタンハイドレート，メタンの製法・捕集法 標準

解法のポイント

問1 **a** 単位格子に含まれる水分子の質量とメタン分子の質量の合計を，アボガドロ定数 N_A〔/mol〕を用いて表すことができるかがポイントである。

b このとき，水蒸気は飽和しているため，全圧から水の蒸気圧を引いてメタンの分圧を求めることができれば，気体の状態方程式よりメタンの物質量を求められる。

c bで求めた物質量とメタンの燃焼熱 890 kJ/mol から求めればよい。

問2 知識問題ではなく，図1を基にしてその場で考える必要がある。選択肢の記述のうち，“図3に沿うもの”および“収率が低下するもの”として正しいものを選ぶ。

問3 メタンに関する基本的な知識を基に判断する。

設問解説

問1 【メタンハイドレート】 23 **正解**：② 標準

24 **正解**：③ 標準

25 26 27 **正解**：⑥，⑨，① 標準

a 単位格子の体積は，a^3〔cm^3〕である。また，単位格子中に含まれる水分子とメタン分子の質量の合計は，

$$\frac{46}{N_A〔/mol〕} \times 18\ g/mol + \frac{8}{N_A〔/mol〕} \times 16\ g/mol = \frac{956}{N_A}〔g〕$$

である。よって，メタンハイドレートの密度〔g/cm^3〕を求める式は，

$$\frac{\frac{956}{N_A}〔g〕}{a^3〔cm^3〕} = \frac{956}{N_A a^3}〔g/cm^3〕$$

である。

以上より，②が正解である。

b 水蒸気は飽和しているため，分圧は 3.6×10^3 Pa である。よって，メタンの分圧は，

$$1.0 \times 10^5 - 3.6 \times 10^3 = 9.64 \times 10^4\ Pa$$

であり，物質量は，

$$\frac{9.64 \times 10^4 \times 2.0}{8.3 \times 10^3 \times 300} \fallingdotseq 7.74 \times 10^{-2}\ mol$$

である。

以上より，③が正解である。

c メタンの燃焼熱 890 kJ/mol より，7.74×10^{-2} mol のメタンの完全燃焼によって発生する熱量は，

$$890\ \text{kJ/mol} \times 7.74 \times 10^{-2}\ \text{mol} \fallingdotseq 68.8\ \text{kJ}$$

である。有効数字 2 桁で指定された形式で表すと，6.9×10^{1} kJ である。

以上より，[25] は⑥，[26] は⑨，[27] は①が正解である。

問 2 【メタンハイドレートが存在する条件】 [28] **正解：④** やや難

①…誤　メタンは水に溶けにくい気体であり，同時に生じた水に大部分が溶解してしまうことはない。よって，この記述は誤りである。

②…誤　メタンが凝縮して液体になったとしても，固体物質であるメタンハイドレート，また極性分子である水の液体とは分離できるため，収率が低下することはない。よって，この記述は誤りである。

③…誤　図 3 より，減圧によってメタンハイドレートを分解する場合，温度はより高いほうがよい。よって，この記述は誤りである。

④…正　図 3 より，減圧によってメタンハイドレートを分解すると，領域Ⅱから領域Ⅰへ進む。ところが，分解反応が吸熱反応であるため，冷却によって温度が下がり，再び領域Ⅰから領域Ⅱへ進み，メタンハイドレートが再生してしまうことがある。

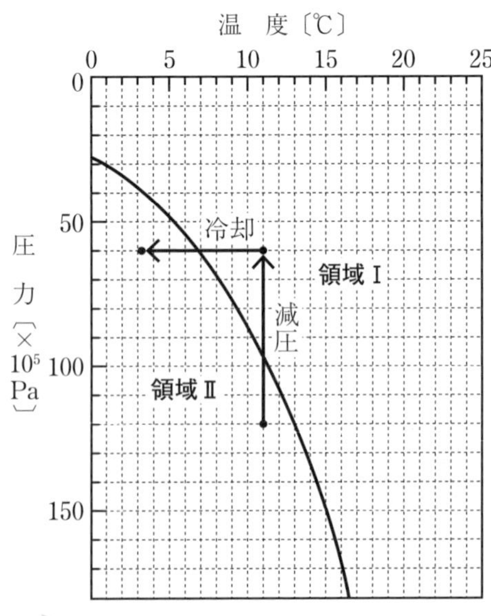

以上より，④が正解である。

問3 【メタンの製法・捕集装置】 29 **正解**：① 標準

メタンを実験室で発生させるには，酢酸ナトリウムと水酸化ナトリウムの混合物を加熱する。

$$CH_3COONa + NaOH \longrightarrow Na_2CO_3 + CH_4$$

なお，酢酸カルシウムを加熱すると，アセトンが生成する。

$$(CH_3COO)_2Ca \longrightarrow CH_3COCH_3 + CaCO_3$$

また，メタンは水に溶けにくい気体であり，水上置換で捕集する。よって，発生・捕集装置は装置 A が適切である。

以上より，①が正解である。

岸　良祐（きし　りょうすけ）
現在、東進ハイスクール・東進衛星予備校、代々木ゼミナールなどの大手予備校で教壇に立つ。基礎レベルクラスからハイレベルクラスまで幅広く講座を担当する。
高校生の時、化学の面白さに目覚め、研究者になることを夢見て化学の世界に飛び込むが、大学時代に経験した塾講師のアルバイトにやりがいを感じ、予備校講師を目指すことを決意。
普段の授業では、「化学現象を理解すること」を最大のモットーに、一見複雑そうに見える化学現象を単純明快に説明する講義で受講生を惹きつけている。
Mr.Childrenの大ファンで、多忙な仕事の合間をぬってライブツアーには必ず足を運ぶ。
著書に、『カリスマ講師の　日本一成績が上がる魔法の化学基礎ノート』（KADOKAWA）、『やさしい高校化学（化学基礎）』（学研プラス）、『岸の化学をはじめからていねいに【理論化学編】』（ナガセ）などがある。

改訂版（かいていばん）　大学入学共通（だいがくにゅうがくきょうつう）テスト
化学予想問題集（かがくよそうもんだいしゅう）

2021年12月３日　初版発行

著者／岸 良祐（きし りょうすけ）

発行者／青柳 昌行

発行／株式会社KADOKAWA
〒102-8177　東京都千代田区富士見2-13-3
電話　0570-002-301（ナビダイヤル）

印刷所／株式会社加藤文明社印刷所

●お問い合わせ
https://www.kadokawa.co.jp/（「お問い合わせ」へお進みください）
※内容によっては、お答えできない場合があります。
※サポートは日本国内のみとさせていただきます。
※Japanese text only

定価はカバーに表示してあります。

ISBN 978-4-04-605195-0　C7043

改訂版

大学入学共通テスト

化学 予想問題集

別冊

問題編

この別冊は本体に糊付けされています。
別冊を外す際の背表紙の剥離等については交換いたしかねますので、本体を開いた状態でゆっくり丁寧に取り外してください。

改訂版　大学入学共通テスト
化学予想問題集　別冊もくじ

別　冊

問題編

本　冊

分析編

解答・解説編

2021年1月実施

共通テスト・第1日程

100点満点／60分

化　学

（解答番号 [1] ～ [29]）

必要があれば，原子量は次の値を使うこと。

H　1.0　　C　12　　N　14　　O　16

Ca　40　　Fe　56　　Zn　65

気体は，実在気体とことわりがない限り，理想気体として扱うものとする。

第１問　次の問い（問１～４）に答えよ。（配点　20）

問１　次の記述（ア・イ）の両方に当てはまる金属元素として最も適当なものを，下の①～④のうちから一つ選べ。[1]

ア　２価の陽イオンになりやすいもの

イ　硫酸塩が水に溶けやすいもの

①　Mg　　②　Al　　③　K　　④　Ba

問2 単位格子の一辺の長さ L〔cm〕の体心立方格子の構造をもつモル質量 M〔g/mol〕の原子からなる結晶がある。この結晶の密度が d〔g/cm^3〕であるとき，アボガドロ定数 N_A〔/mol〕を表す式として最も適当なものを，次の①～⑥のうちから一つ選べ。 [2] /mol

① $\dfrac{L^3d}{M}$　② $\dfrac{L^3d}{2M}$　③ $\dfrac{2L^3d}{M}$

④ $\dfrac{M}{L^3d}$　⑤ $\dfrac{2M}{L^3d}$　⑥ $\dfrac{M}{2L^3d}$

問3 物質の溶媒への溶解や分子間力に関する次の記述（Ⅰ～Ⅲ）について，正誤の組合せとして最も適当なものを，下の①～⑧のうちから一つ選べ。 [3]

Ⅰ　ヘキサンが水にほとんど溶けないのは，ヘキサン分子の極性が小さいためである。

Ⅱ　ナフタレンが溶解したヘキサン溶液では，ナフタレン分子とヘキサン分子の間に分子間力がはたらいている。

Ⅲ　液体では，液体の分子間にはたらく分子間力が小さいほど，その沸点は高くなる。

	Ⅰ	Ⅱ	Ⅲ
①	正	正	正
②	正	正	誤
③	正	誤	正
④	正	誤	誤
⑤	誤	正	正
⑥	誤	正	誤
⑦	誤	誤	正
⑧	誤	誤	誤

問4 蒸気圧(飽和蒸気圧)に関する次の問い(**a**・**b**)に答えよ。ただし，気体定数は $R = 8.3 \times 10^3$ Pa·L/(K·mol)とする。

a エタノール C_2H_5OH の蒸気圧曲線を次ページの図1に示す。ピストン付きの容器に 90 ℃で 1.0×10^5 Pa の C_2H_5OH の気体が入っている。この気体の体積を 90 ℃のままで5倍にした。その状態から圧力を一定に保ったまま温度を下げたときに凝縮が始まる温度を2桁の数値で表すとき，[4] と [5] に当てはまる数字を，次の①～⓪のうちから一つずつ選べ。ただし，温度が1桁の場合には，[4] には⓪を選べ。また，同じものを繰り返し選んでもよい。

[4] [5] ℃

① 1　② 2　③ 3　④ 4　⑤ 5
⑥ 6　⑦ 7　⑧ 8　⑨ 9　⓪ 0

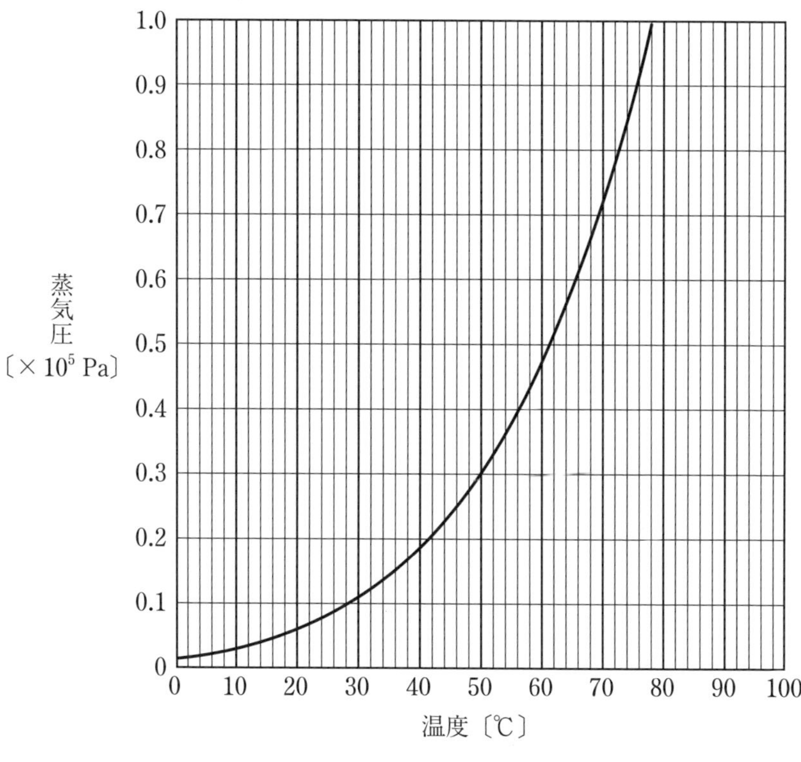

図1　C_2H_5OH の蒸気圧曲線

b　容積一定の 1.0 L の密閉容器に 0.024 mol の液体の C_2H_5OH のみを入れ，その状態変化を観測した。密閉容器の温度を 0 ℃から徐々に上げると，ある温度で C_2H_5OH がすべて蒸発したが，その後も加熱を続けた。蒸発した C_2H_5OH がすべての圧力領域で理想気体としてふるまうとすると，容器内の気体の C_2H_5OH の温度と圧力は，図 2 の点 A ～ G のうち，どの点を通り変化するか。経路として最も適当なものを，下の①～⑤のうちから一つ選べ。ただし，液体状態の C_2H_5OH の体積は無視できるものとする。 6

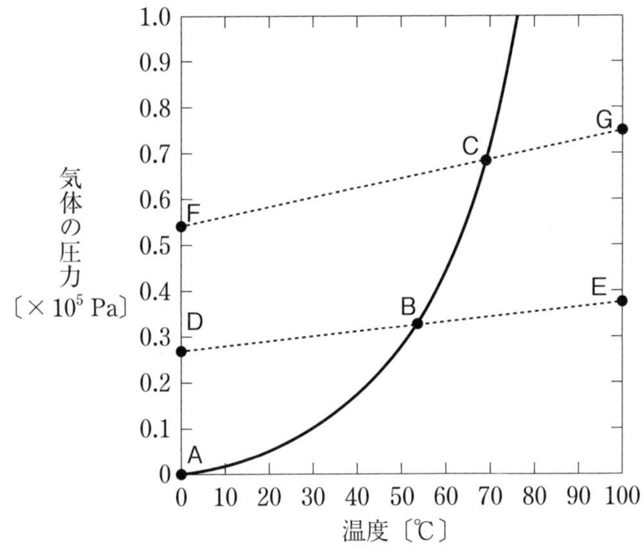

図 2　気体の圧力と温度の関係（実線――は C_2H_5OH の蒸気圧曲線）

① A → B → C → G

② A → B → E

③ D → B → C → G

④ D → B → E

⑤ F → C → G

第2問 次の問い(**問1〜3**)に答えよ。(配点 20)

問1 光が関わる化学反応や現象に関する記述として下線部に**誤りを含むもの**はどれか。最も適当なものを，次の①〜④のうちから一つ選べ。 [7]

① 塩素と水素の混合気体に強い光(紫外線)を照射すると，<u>爆発的に反応して塩化水素が生成する</u>。

② オゾン層は，太陽光線中の<u>紫外線を吸収して</u>，地上の生物を保護している。

③ 植物は光合成で糖類を生成する。二酸化炭素と水からグルコースと酸素が生成する反応は，<u>発熱反応である</u>。

④ 酸化チタン(Ⅳ)は，光(紫外線)を照射すると，有機物などを分解する<u>触媒として作用する</u>。

問2　補聴器に用いられる空気亜鉛電池では，次の式のように正極で空気中の酸素が取り込まれ，負極の亜鉛が酸化される。

正極　$O_2 + 2\,H_2O + 4\,e^- \longrightarrow 4\,OH^-$
負極　$Zn + 2\,OH^- \longrightarrow ZnO + H_2O + 2\,e^-$

この電池を一定電流で7720秒間放電したところ，上の反応により電池の質量は16.0 mg増加した。このとき流れた電流は何mAか。最も適当な数値を，次の①～④のうちから一つ選べ。ただし，ファラデー定数は9.65×10^4 C/molとする。［ 8 ］mA

①　6.25　　②　12.5　　③　25.0　　④　50.0

問3　氷の昇華と水分子間の水素結合について，次の問い(**a** ～ **c**)に答えよ。

a　水の三重点よりも低温かつ低圧の状態に保たれている氷を，水蒸気に昇華させる方法として適当なものは，次のア～エのうちどれか。すべてを正しく選択しているものを，下の①～④のうちから一つ選べ。
［ 9 ］

ア　温度を保ったまま，減圧する。
イ　温度を保ったまま，加圧する。
ウ　圧力を保ったまま，加熱する。
エ　圧力を保ったまま，冷却する。

①　ア，ウ　　②　ア，エ　　③　イ，ウ　　④　イ，エ

b　図1に示すように，氷の結晶中では，1個の水分子が正四面体の頂点に位置する4個の水分子と水素結合をしており，水素結合1本あたり2個の水分子が関与している。0℃における氷の昇華熱を Q〔kJ/mol〕としたとき0℃において水分子間の水素結合1molを切るために必要なエネルギー〔kJ/mol〕を表す式として最も適当なものを，下の①～⑤のうちから一つ選べ。ただし，氷の昇華熱は，水分子1molの結晶中のすべての水素結合を切るためのエネルギーと等しいとする。

[10] kJ/mol

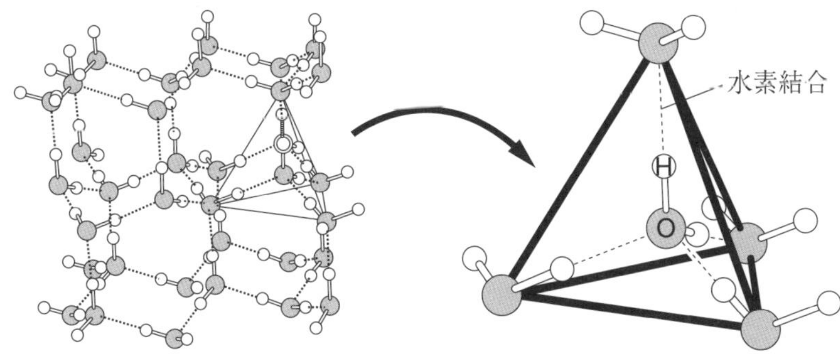

図1　氷の結晶構造と水素結合の模式図

①　$\frac{1}{4}Q$　　②　$\frac{1}{2}Q$　　③　Q　　④　$2Q$　　⑤　$4Q$

c　図2に0℃および25℃における水の状態とエネルギーの関係を示す。この関係を用いて，0℃における氷の昇華熱 Q〔kJ/mol〕の値を求めると何 kJ/mol になるか。最も適当な数値を，下の①～⑤のうちから一つ選べ。ただし1 mol の H_2O(液) および H_2O(気) の温度を1K上昇させるのに必要なエネルギーはそれぞれ 0.080 kJ，0.040 kJ とする。また，すべての状態変化は 1.013×10^5 Pa のもとで起こるものとする。 11 kJ/mol

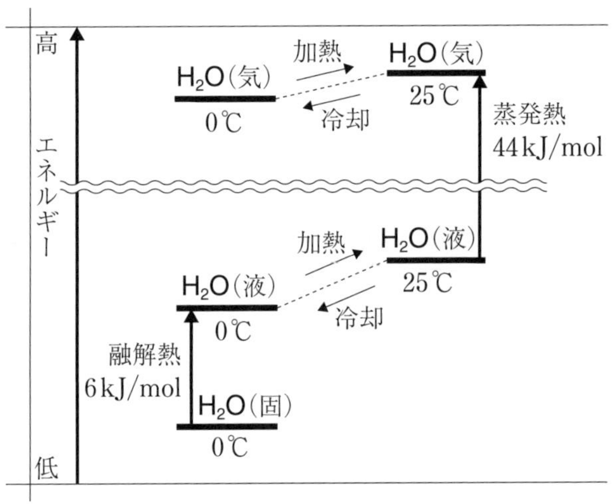

図2　0℃および25℃における水の状態とエネルギーの関係

① 45　　② 49　　③ 50　　④ 51　　⑤ 52

第3問 次の問い**問1～3**に答えよ。(配点 20)

問1 塩化ナトリウムの溶融塩電解(融解塩電解)に関連する記述として**誤りを含むもの**はどれか。最も適当なものを，次の①～④のうちから一つ選べ。 12

① 陰極に鉄，陽極に黒鉛を用いることができる。

② ナトリウムの単体が陰極で生成し，気体の塩素が陽極で発生する。

③ ナトリウムの単体が1 mol生成するとき，気体の塩素が1 mol発生する。

④ 塩化ナトリウム水溶液を電気分解しても，ナトリウムの単体は得られない。

問2 元素ア～エはそれぞれAg，Pb，Sn，Znのいずれかであり，次の記述(Ⅰ～Ⅲ)に述べる特徴をもつ。ア，イとして最も適当なものを，それぞれ下の①～④のうちから一つずつ選べ。

ア 13

イ 14

Ⅰ アとイの単体は希硫酸に溶けるが，ウとエの単体は希硫酸に溶けにくい。

Ⅱ ウの2価の塩化物は，冷水にはほとんど溶けないが熱水には溶ける。

Ⅲ アとウのみが同族元素である。

① Ag　② Pb　③ Sn　④ Zn

問3　次の化学反応式(1)に示すように，シュウ酸イオン $C_2O_4^{2-}$ を配位子として3個もつ鉄(Ⅲ)の錯イオン $[Fe(C_2O_4)_3]^{3-}$ の水溶液では，光をあてている間，反応が進行し，配位子を2個もつ鉄(Ⅱ)の錯イオン $[Fe(C_2O_4)_2]^{2-}$ が生成する。

$$2\,[Fe(C_2O_4)_3]^{3-} \xrightarrow{\text{光}} 2\,[Fe(C_2O_4)_2]^{2-} + C_2O_4^{2-} + 2\,CO_2 \qquad (1)$$

この反応で光を一定時間あてたとき，何％の $[Fe(C_2O_4)_3]^{3-}$ が $[Fe(C_2O_4)_2]^{2-}$ に変化するかを調べたいと考えた。そこで，式(1)にしたがって CO_2 に変化した $C_2O_4^{2-}$ の量から，変化した $[Fe(C_2O_4)_3]^{3-}$ の量を求める**実験Ⅰ**～**Ⅲ**を行った。この**実験**に関する次ページの問い(**a**～**c**)に答えよ。ただし，反応溶液のpHは**実験Ⅰ**～**Ⅲ**において適切に調整されているものとする。

実験Ⅰ　0.0109 mol の $[Fe(C_2O_4)_3]^{3-}$ を含む水溶液を透明なガラス容器に入れ，光を一定時間あてた。

実験Ⅱ　**実験Ⅰ**で光をあてた溶液に，鉄の錯イオン $[Fe(C_2O_4)_3]^{3-}$ と $[Fe(C_2O_4)_2]^{2-}$ から $C_2O_4^{2-}$ を遊離(解離)させる試薬を加え，錯イオン中の $C_2O_4^{2-}$ を完全に遊離させた。さらに，Ca^{2+} を含む水溶液を加えて，溶液中に含まれるすべての $C_2O_4^{2-}$ をシュウ酸カルシウム CaC_2O_4 の水和物として完全に沈澱させた。この後，ろ過によりろ液と沈殿に分離し，さらに，沈殿を乾燥して4.38 g の $CaC_2O_4 \cdot H_2O$(式量146)を得た。

実験Ⅲ　**実験Ⅱ**で得られたろ液に，(a)<u>Fe^{2+}が含まれていることを確かめる操作</u>を行った。

a　**実験Ⅲ**の下線部(a)の操作として最も適当なものを，次の①～④のうちから一つ選べ。 15

① H_2S 水溶液を加える。
② サリチル酸水溶液を加える。
③ $K_3[Fe(CN)_6]$ 水溶液を加える。
④ KSCN 水溶液を加える。

b　1.0 mol の $[Fe(C_2O_4)_3]^{3-}$ が，式(1)にしたがって完全に反応するとき，酸化されて CO_2 になる $C_2O_4^{2-}$ の物質量は何 mol か。最も適当な数値を，次の①～④のうちから一つ選べ。 16 mol

① 0.5　② 1.0　③ 1.5　④ 2.0

c　**実験Ⅰ**において，光をあてることにより，溶液中の $[Fe(C_2O_4)_3]^{3-}$ の何％が $[Fe(C_2O_4)_2]^{2-}$ に変化したか。最も適当な数値を，次の①～④のうちから一つ選べ。 17 ％

① 12　② 16　③ 25　④ 50

第４問 次の問い(**問１～５**)に答えよ。(配点 20)

問１ 芳香族炭化水素の反応に関する記述として下線部に**誤りを含むもの**を，次の①～④のうちから一つ選べ。 18

① ナフタレンに，高温で酸化バナジウム(Ｖ)を触媒として酸素を反応させると，*o*-キシレンが生成する。

② ベンゼンに，鉄粉または塩化鉄(Ⅲ)を触媒として塩素を反応させると，クロロベンゼンが生成する。

③ ベンゼンに，高温で濃硫酸を反応させると，ベンゼンスルホン酸が生成する。

④ ベンゼンに，高温・高圧でニッケルを触媒として水素を反応させると，シクロヘキサンが生成する。

問２ 油脂に関する記述として下線部に**誤りを含むもの**を，次の①～④のうちから一つ選べ。 19

① けん化価は，油脂 1 g を完全にけん化するのに必要な水酸化カリウムの質量を mg 単位で表した数値で，この値が大きいほど油脂の平均分子量は小さい。

② ヨウ素価は，油脂 100 g に付加するヨウ素の質量を g 単位で表した数値で，油脂の中でも空気中で放置すると固化しやすい乾性油はヨウ素価が大きい。

③ マーガリンの主成分である硬化油は，液体の油脂を酸化してつくられる。

④ 油脂は，高級脂肪酸とグリセリン(1,2,3-プロパントリオール)のエステルである。

問3 次のアルコールア～エを用いた反応の生成物について，下の問い(**a**・**b**)に答えよ。

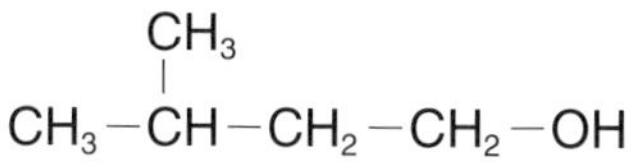

$$CH_3-\underset{\displaystyle |}{\overset{\displaystyle CH_3}{\overset{|}{C}H}}-CH_2-CH_2-OH$$

ア

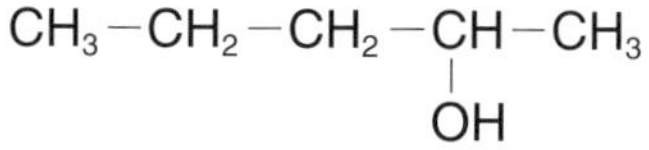

$$CH_3-CH_2-CH_2-\underset{\underset{\displaystyle OH}{|}}{CH}-CH_3$$

イ

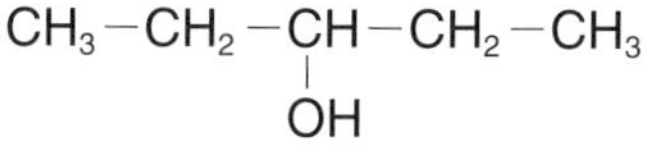

$$CH_3-CH_2-\underset{\underset{\displaystyle OH}{|}}{CH}-CH_2-CH_3$$

ウ

$$CH_3-\underset{\underset{\displaystyle OH}{|}}{CH}-\overset{\overset{\displaystyle CH_3}{|}}{CH}-CH_3$$

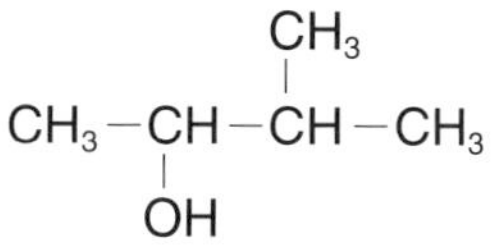

エ

a ア～エに適切な酸化剤を作用させると，それぞれからアルデヒドまたはケトンのどちらか一方が生成する。ア～エのうち，ケトンが生成するものはいくつあるか。正しい数を，次の①～⑤のうちから一つ選べ。 20

① 1　② 2　③ 3　④ 4　⑤ 0

b ア～エにそれぞれ適切な酸触媒を加えて加熱すると，OH 基の結合した炭素原子とその隣の炭素原子から，OH 基と H 原子がとれたアルケンが生成する。ア～エのうち，このように生成するアルケンの変異体の数が最も多いアルコールはどれか。最も適当なものを，次の①～④のうちから一つ選べ。ただし，シス-トランス異性体(幾何異性体)も区別して数えるものとする。 21

① ア　② イ　③ ウ　④ エ

問4 高分子化合物に関する記述として**誤りを含むもの**はどれか。最も適当なものを，次の①～⑤のうちから一つ選べ。 22

① ナイロン6は，繰り返し単位の中にアミド結合を二つもつ。

② ポリ酢酸ビニルを加水分解すると，ポリビニルアルコールが生じる。

③ 尿素樹脂は，熱硬化性樹脂である。

④ 生ゴムに数%の硫黄を加えて加熱すると，弾性が向上する。

⑤ ポリエチレンテレフタラートは，合成繊維としても合成樹脂としても用いられる。

問5 分子量 2.56×10^4 のポリペプチド鎖Aは，アミノ酸B（分子量 89）のみを脱水縮合して合成されたものである。図1のように，Aがらせん構造をとると仮定すると，Aのらせんの全長 L は何 nm か。最も適当な数値を，下の①～⑥のうちから一つ選べ。ただし，らせんのひと巻きはアミノ酸の単位 3.6 個分であり，ひと巻きとひと巻きの間隔を 0.54 nm（1 nm ＝ 1×10^{-9} m）とする。 [23] nm

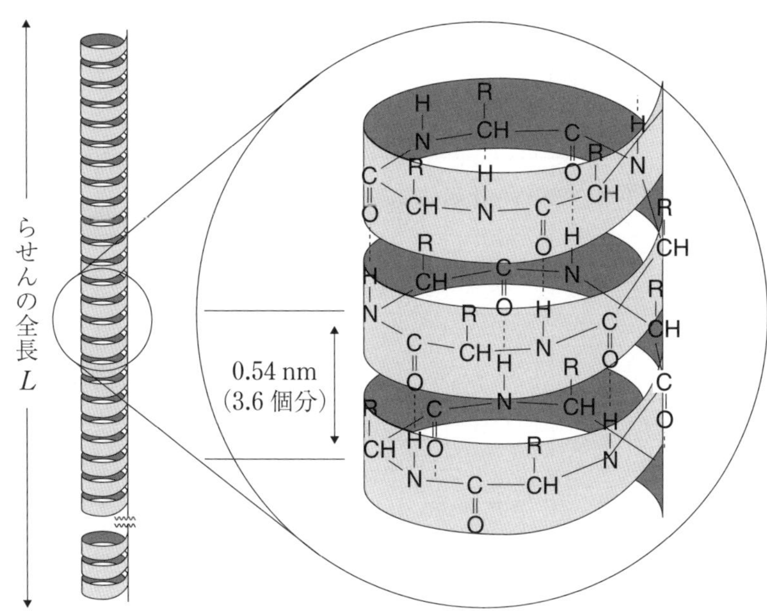

図1　ポリペプチド鎖Aのらせん構造の模式図

① 43　　② 54　　③ 72
④ 1.6×10^2　　⑤ 1.9×10^2　　⑥ 2.6×10^2

第5問 グルコース $C_6H_{12}O_6$ に関する次の問い(**問1～3**)に答えよ。(配点　20)

問1 グルコースは，水溶液中で主に環状構造の α-グルコースと β-グルコースとして存在し，これらは鎖状構造の分子を経由して相互に変換している。グルコースの水溶液について，平衡に達するまでの α-グルコースと β-グルコースの物質量の時間変化を調べた次ページの**実験Ⅰ**に関する問い(**a**・**b**)と**実験Ⅱ**に関する問い(**c**)に答えよ。ただし，鎖状構造の分子の割合は少なく無視できるものとする。また，必要があれば次の方眼紙を使うこと。

実験Ⅰ　α-グルコース 0.100 mol を 20 ℃の水 1.0 L に加えて溶かし，20 ℃に保ったまま α-グルコースの物質量の時間変化を調べた。表1に示すように α-グルコースの物質量は減少し，10 時間後には平衡に達していた。こうして得られた溶液を**溶液A**とする。

表1　水溶液中での α-グルコースの物質量の時間変化

時間〔h〕	0	0.5	1.5	3.0	5.0	7.0	10.0
α-グルコースの物質量〔mol〕	0.100	0.079	0.055	0.040	0.034	0.032	0.032

a　平衡に達したときの β-グルコースの物質量は何 mol か。最も適当な数値を，次の①～⑤のうちから一つ選べ。 24 mol

① 0.016　② 0.032　③ 0.048
④ 0.068　⑤ 0.084

b　水溶液中の β-グルコースの物質量が，平衡に達したときの物質量が 50 %であったのは，α-グルコースを加えた何時間後か。最も適当な数値を，次の①～⑥のうちから一つ選べ。 25 時間後

① 0.5　② 1.0　③ 1.5
④ 2.0　⑤ 2.5　⑥ 3.0

実験Ⅱ　**溶液A**に，さらに β-グルコースを 0.100 mol 加えて溶かし，20 ℃で 10 時間放置したところ新たな平衡に達した。

c　新たな平衡に達したときの β-グルコースの物質量は何 mol か。最も適当な数値を，次の①～⑤のうちから一つ選べ。 26 mol

① 0.032　② 0.068　③ 0.100
④ 0.136　⑤ 0.168

問2 グルコースにメタノールと塩酸を作用させると，グルコースとメタノールが1分子ずつ反応して1分子の水がとれた化合物Xが，図1に示すα型(α形)とβ型(β形)の異性体の混合物として得られた。Xの水溶液は還元性を示さなかった。この混合物から分離したα型のX 0.1 molを，水に溶かして20℃に保ち，α型のXの物質量の時間変化を調べた。α型のXの物質量の時間変化を示した図としても最も適当なものを，下の①～④のうちから一つ選べ。 27

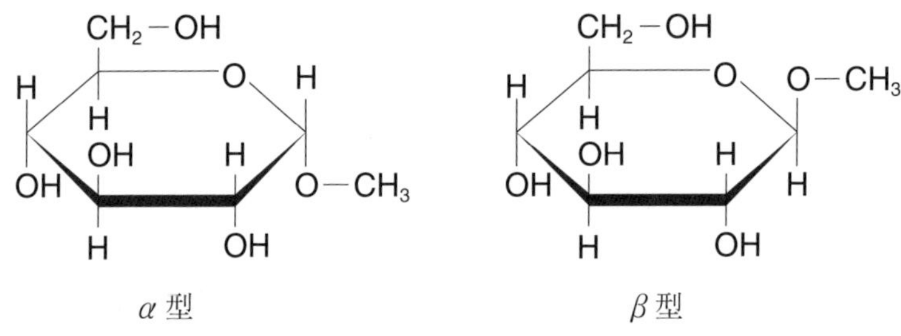

図1　α型とβ型の化合物Xの構造

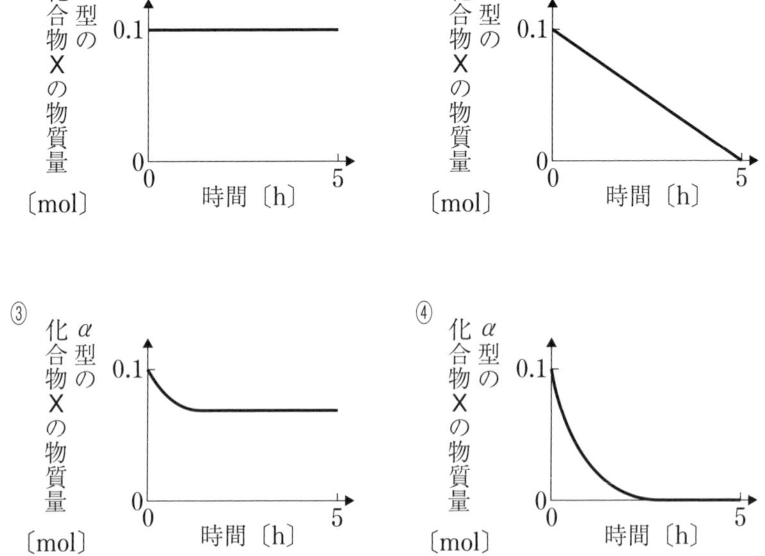

問3 グルコースに，ある酸化剤を作用させるとグルコースが分解され，水素原子と酸素原子を含み，炭素原子数が1の有機化合物Y・Zが生成する。この反応でグルコースからは，Y・Z以外の化合物は生成しない。この反応とY・Zに関する次の問い(**a**・**b**)に答えよ。

a Yはアンモニア性硝酸銀水溶液を還元し，銀を析出させる。Yは還元剤としてはたらくと，Zとなる。Y・Zの組合せとして最も適当なものを，次の①～⑥のうちから一つ選べ。 28

	有機化合物Y	有機化合物Z
①	CH_3OH	HCHO
②	CH_3OH	HCOOH
③	HCHO	CH_3OH
④	HCHO	HCOOH
⑤	HCOOH	CH_3OH
⑥	HCOOH	HCHO

b ある量のグルコースがすべて反応して，2.0 molのYと10.0 molのZが生成したとすると，反応したグルコースの物質量は何molか。最も適当な数値を，次の①～④のうちから一つ選べ。 29 mol

① 2.0　② 6.0　③ 10.0　④ 12.0

予想問題・
第1回

100点満点／60分

化　　学

（解答番号 1 ～ 35 ）

> 必要があれば，原子量は次の値を使うこと。
>
> H　1.0　　C　12　　O　16　　Na　23　　Cl　35.3
>
> K　39　　Ca　40　　I　127
>
> 気体は，実在気体とことわりがない限り，理想気体として扱うものとする。

第1問　次の問い（**問1～4**）に答えよ。（配点　20）

問1　第一イオン化エネルギーは，図1に示すように，元素の原子番号とともに周期的に変化する。

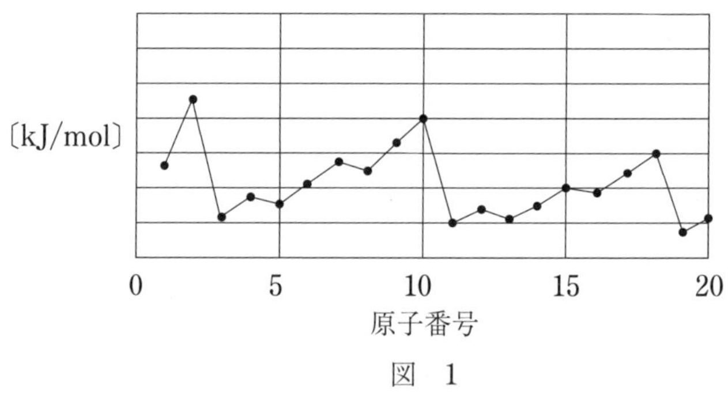

図　1

このように，元素を原子番号の順に並べると，その性質が周期的に変化することを，元素の周期律という。**元素の周期律を示さないもの**を，次の①～⑤のうちから一つ選べ。 1

① 価電子の数　　② 単体の融点　　③ 電気陰性度
④ 原子量　　⑤ 原子の大きさ

問2　水溶液 **a** ～ **c** の pH の大小関係を正しく表しているものを，下の①～⑥のうちから一つ選べ。ただし，物質の溶解や混合による溶液の体積変化はないものとする。 [2]

a　ある濃度の塩酸 10 mL に，同じモル濃度の水酸化ナトリウム水溶液 10 mL を加えた水溶液

b　ある濃度の酢酸水溶液 10 mL に，同じモル濃度の水酸化ナトリウム水溶液 10 mL を加えた水溶液

c　ある濃度の塩酸 10 mL に，同じモル濃度のアンモニア水 10 mL を加えた水溶液

① **a** ＞ **b** ＞ **c**　　② **a** ＞ **c** ＞ **b**　　③ **b** ＞ **a** ＞ **c**

④ **b** ＞ **c** ＞ **a**　　⑤ **c** ＞ **a** ＞ **b**　　⑥ **c** ＞ **b** ＞ **a**

問3　コロイド溶液に関する次の記述（Ⅰ～Ⅲ）について，正誤の組合せとして最も適当なものを，下の①～⑧のうちから一つ選べ。［3］

Ⅰ　親水コロイドに多量の電解質を加えると沈殿が生じる。これは，電解質の添加によってコロイド粒子が水和されるためである。

Ⅱ　水酸化鉄（Ⅲ）は正コロイドであるため，電気泳動によって陰極側へ移動する。

Ⅲ　冷却によってコロイド溶液が流動性を失ったものをゾルという。

	Ⅰ	Ⅱ	Ⅲ
①	正	正	正
②	正	正	誤
③	正	誤	正
④	正	誤	誤
⑤	誤	正	正
⑥	誤	正	誤
⑦	誤	誤	正
⑧	誤	誤	誤

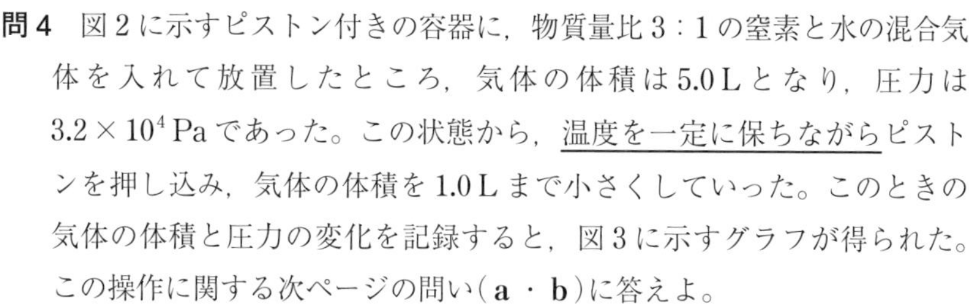

問4 図2に示すピストン付きの容器に，物質量比3：1の窒素と水の混合気体を入れて放置したところ，気体の体積は5.0 Lとなり，圧力は3.2×10^4 Paであった。この状態から，温度を一定に保ちながらピストンを押し込み，気体の体積を1.0 Lまで小さくしていった。このときの気体の体積と圧力の変化を記録すると，図3に示すグラフが得られた。この操作に関する次ページの問い(**a**・**b**)に答えよ。

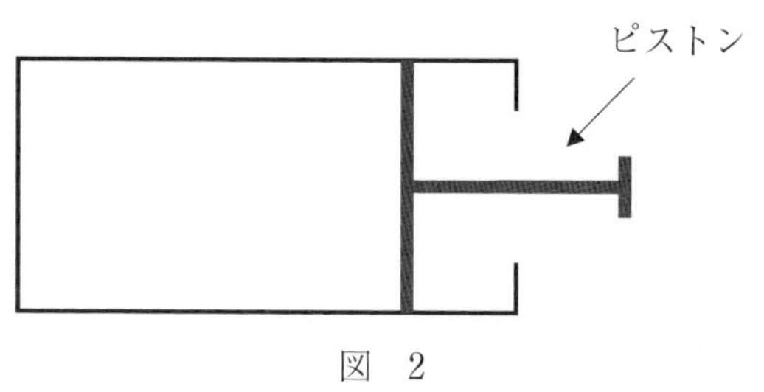

図　2

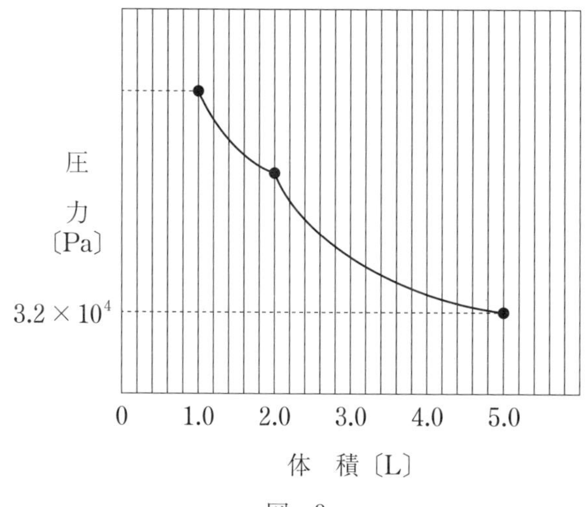

図　3

a　下線部に関して，容器内は何℃に保たれていたか。最も適切な数値を，次の①～⑥のうちから一つ選べ。必要があれば水の蒸気圧と温度の関係を示した表1を参考にせよ。 4

① 20　② 43　③ 50
④ 60　⑤ 86　⑥ 93

表1　水の蒸気圧

温度〔℃〕	圧力〔Pa〕	温度〔℃〕	圧力〔Pa〕
5	0.087×10^4	55	1.574×10^4
10	0.123×10^4	60	1.992×10^4
15	0.170×10^4	65	2.501×10^4
20	0.234×10^4	70	3.116×10^4
25	0.317×10^4	75	3.855×10^4
30	0.424×10^4	80	4.736×10^4
35	0.562×10^4	85	5.780×10^4
40	0.738×10^4	90	7.011×10^4
45	0.958×10^4	95	8.453×10^4
50	1.234×10^4	100	10.133×10^4

b　容器に入れる物質を水だけにして同様の操作を行った場合，気体の体積と圧力の関係を示したグラフとして最も適切なものを，次の①～⑥のうちから一つ選べ。 5

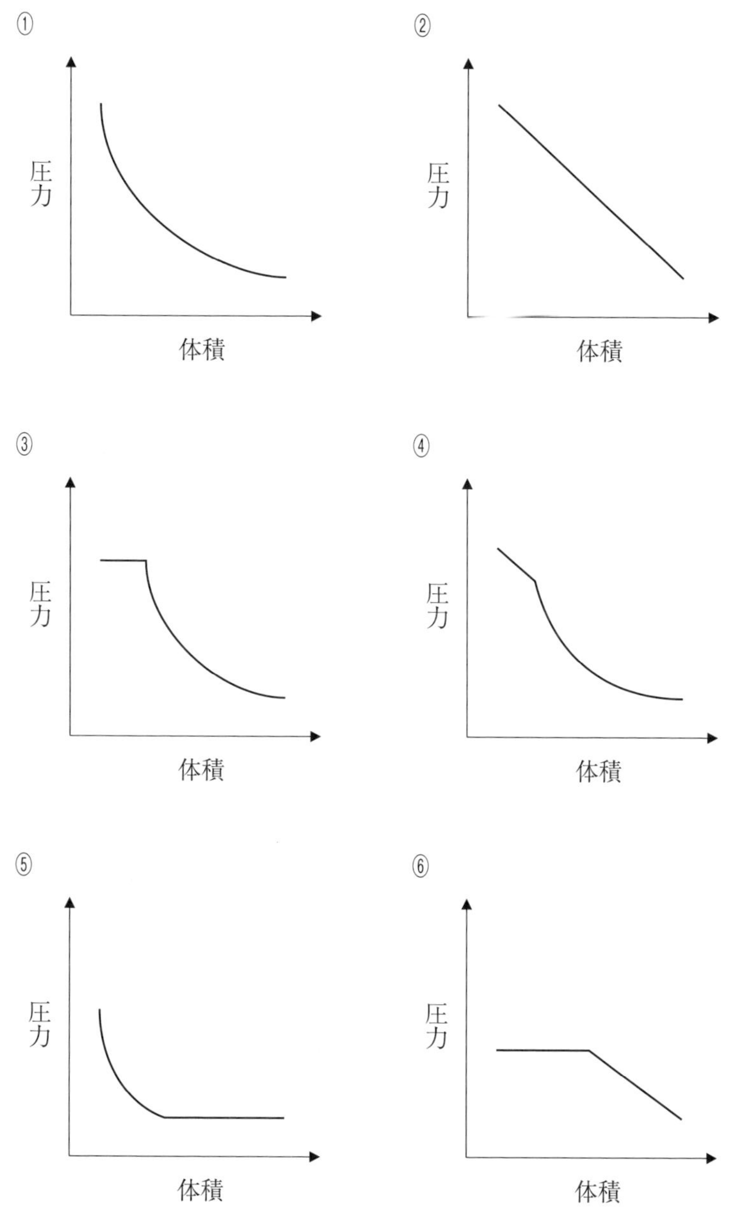

第2問 次の問い(**問1～3**)に答えよ。(配点 20)

問1 表1は**H－H**結合，**C－H**結合，**C＝C**結合の結合エネルギーを示したものである。エチレンの生成熱(kJ/mol)として最も適当な数値を，下の①～⑥のうちから一つ選べ。ただし，黒鉛の昇華熱は715 kJ/molとする。
[6]

表1 結合エネルギー

	H－H	C－H	C＝C
結合エネルギー (kJ/mol)	436	414	590

① －884　② －169　③ －56
④ 56　⑤ 169　⑥ 884

問2 触媒に関する記述として**誤りを含むもの**はどれか。最も適当なものを，次の①～④のうちから一つ選べ。 [7]

① 触媒は反応熱を小さくすることで，反応速度を大きくする作用をもつ。

② 化学反応の前後で，触媒自身は変化しない。

③ 反応速度定数の値は，触媒の存在にって変化する。

④ 可逆反応が平衡状態にあるとき，触媒を加えても平衡は移動しない。

問3　20.00 g の白金電極を用いて，ある濃度の硫酸銅(Ⅱ)水溶液 300 mL を電気分解した。電気分解が進むと，一方の電極は質量が変化したが，他方の電極は変化しなかった。30 分間電気分解を行ったところで終了した。電気分解を通じて水溶液の体積の変化はなく，電流計は常に 1.0 A を保っていた。図 1 は，この電気分解の様子を模式的に示したものである。また，図 2 は，電流を流した時間と一方の電極の質量変化を示したものである。この操作に関する次ページの問い(**a** 〜 **c**)に答えよ。

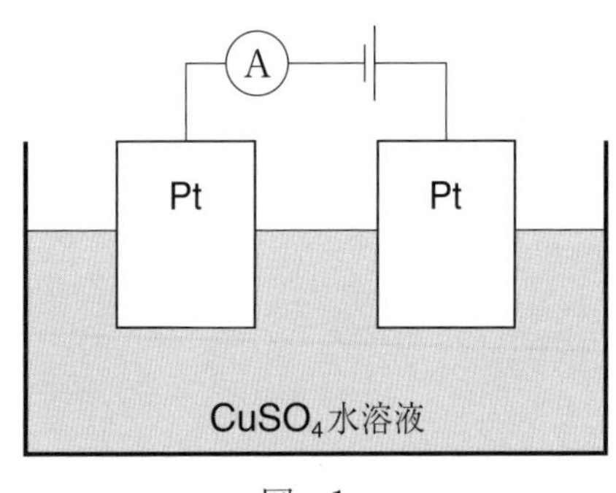

図　1

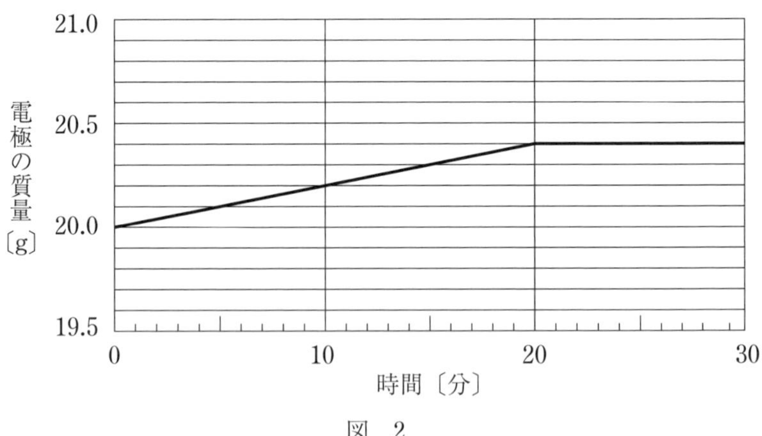

図　2

a 下線部に関連して，電気分解を行ったとき，一方の電極は質量が変化するが，他方の電極は質量が変化しない陽極，陰極および電解液の組合せとして最も適当なものを，次の①～⑤のうちから一つ選べ。 8

	陽　極	陰　極	電解液
①	白　金	白　金	希硫酸
②	炭　素	鉄	塩化ナトリウム水溶液
③	銅	銅	硫酸銅(Ⅱ)水溶液
④	白　金	白　金	ヨウ化カリウム水溶液
⑤	白　金	白　金	硝酸銀水溶液

b はじめの硫酸銅(Ⅱ)水溶液のモル濃度〔mol/L〕として最も適当な数値を，次の①～⑥のうちから一つ選べ。 9 mol/L

① 5.0×10^{-3}　② 1.0×10^{-2}　③ 2.1×10^{-2}
④ 3.1×10^{-2}　⑤ 4.0×10^{-2}　⑥ 6.2×10^{-2}

c 電気分解を通じて，陽極で発生した気体の体積は，陰極で発生した気体の体積の何倍か。最も適当な数値を，次の①～⑤のうちから一つ選べ。ただし，気体の体積は互いに同温・同圧下の値であるとし，発生した気体の水への溶解はないものとする。 10

① 0.50　② 0.78　③ 1.1　④ 1.5　⑤ 2.8

第３問　次の問い(**問１～３**)に答えよ。(配点　20)

問１　貴(希)ガスに関する記述として**誤りを含むもの**はどれか。最も適当なものを，次の①～④のうちから一つ選べ。 11

①　周期表の同一周期の元素の中で，最もイオン化エネルギーが大きい。

②　He は最も軽い気体であり，不燃性のため，気球や飛行船に用いられる。

③　Ar は，空気中に体積比で約 0.9 % 含まれる。

④　Ne 原子と同じ電子配置をもつ O^{2-} と Mg^{2+} のイオン半径を比べると，O^{2-} のほうが大きい。

問2 次の記述(**a**・**b**)を読み，金属イオンA，Bとして最も適当なものを，それぞれ下の①～④のうちらそれぞれ一つずつ選べ。ただし，AとBは互いに異なる金属イオンである。

A 12　　B 13

a Aの水溶液にアンモニア水を加えると沈殿が生じ，さらに加えると，その沈殿が溶解する。

b Bの水溶液に硫化水素を通じると，白色沈殿が生じる。

① Ag^{+}　　② Ca^{2+}　　③ Fe^{3+}　　④ Pb^{2+}　　⑤ Zn^{2+}

問3 硫化鉄(Ⅱ)に希硫酸を加えると，次のように反応し，硫化水素が発生する。

$$FeS + H_2SO_4 \longrightarrow FeSO_4 + H_2S$$

この反応は，硫化鉄(Ⅱ)に強酸の硫酸を作用させることで，弱酸の硫化水素が遊離することを利用したものである。このような反応は，「弱酸の遊離反応」と呼ばれ，実験室で気体を発生させるときにしばしば利用される。一方，塩化ナトリウムに濃硫酸を加えて加熱すると，次のように反応し，塩化水素が発生する。

$$\boxed{\text{ア}}\ NaCl + \boxed{\text{イ}}\ H_2SO_4 \longrightarrow \boxed{\text{X}} + \boxed{\text{ウ}}\ HCl \quad (1)$$

この反応では，塩化ナトリウムに強酸の硫酸を作用させることで，強酸の塩化水素が遊離している。この反応に疑問をもった生徒が先生に質問したところ，次のような回答を得た。次の文章は，この反応の仕組みを説明したものである。次ページの問い(**a**〜**c**)に答えよ。

硫酸は，二段階で電離する強酸であり，第一段階目の電離定数 K_1 は二段階目の電離定数 K_2 よりも大きい。

$$H_2SO_4 \rightleftarrows H^+ + HSO_4^- \quad (電離定数：K_1)$$

$$HSO_4^- \rightleftarrows H^+ + SO_4^{2-} \quad (電離定数：K_2)$$

また，塩化水素の電離定数 K_3 は，硫酸の第一段階目の電離定数 K_1 よりは小さく，第二段階目の電離定数 K_2 よりは大きい。

$$HCl \rightleftarrows H^+ + Cl^- \quad (電離定数：K_3)$$

なお，$K_1 > K_3 > K_2$ より，次のような反応は起こらないと考えられる。

$$\boxed{\text{エ}}\ NaCl + \boxed{\text{オ}}\ H_2SO_4 \longrightarrow \boxed{\text{Y}} + \boxed{\text{カ}}\ HCl \quad (2)$$

このように，塩化ナトリウムに濃硫酸を作用させて塩化水素が発生する反応も，「弱酸の遊離反応」と同様の仕組みで起こっている。

a　硫化水素に関する記述として**誤りを含むもの**を，次の①～⑤のうちから一つ選べ。[14]

① 火山ガスの成分である。
② 無色・腐卵臭の気体である。
③ 反応する相手次第で，酸化剤にも還元剤にもなる。
④ 水に溶けて，さまざまな金属イオンと水に難溶性の塩をつくる。
⑤ 折れ線形の分子である。

b　[X] と [Y] に当てはまる化学式として最も適当なものを，次の①～④のうちから一つずつ選べ。X [15]，Y [16]

① Na_2SO_3　② $NaHSO_3$　③ Na_2SO_4　④ $NaHSO_4$

c　[ア] ～ [カ] に当てはまる係数として最も適当なものを，次の①～⓪のうちから一つずつ選べ。ただし，同じものを繰り返し選んでもよい。
ア [17]，イ [18]，ウ [19]，
エ [20]，オ [21]，カ [22]

① 1　② 2　③ 3　④ 4　⑤ 5
⑥ 6　⑦ 7　⑧ 8　⑨ 9　⓪ 0

第4問 次の問い(**問1～5**)に答えよ。(配点 20)

問1 異性体に関する記述として**誤りを含むもの**はどれか。最も適当なものを，次の①～④のうちから一つ選べ。 23

① 分子式 C_3H_8O で表される異性体には，ナトリウムの単体と反応しないものが1つだけ存在する。

② 分子式 C_3H_6O で表される異性体には，ヨードホルム反応を示すものが存在する。

③ 分子式 $C_4H_4O_4$ で表される異性体には，互いにシス－トランス異性体の関係にあるものが存在する。

④ 分子式 C_7H_8O で表される異性体には，塩化鉄(Ⅲ)水溶液と反応して紫色に呈色するものが1つだけ存在する。

問2 アルコールの脱水反応に関する次の文章を読み，次ページの問い(**a**・**b**)に答えよ。

アルコールは，適切な条件下では分子内脱水反応により，アルケンを生じる。たとえば，エタノールと濃硫酸の混合物を170℃に加熱すると，エチレンを生じる。

$$\mathrm{H{-}\overset{\displaystyle H}{\underset{\displaystyle H}{C}}{-}\overset{\displaystyle H}{\underset{\displaystyle OH}{C}}{-}H \xrightarrow[170\,℃]{\text{濃硫酸}} \begin{matrix}H\\H\end{matrix}\!>\!C{=}C\!<\!\begin{matrix}H\\H\end{matrix}}$$

エタノール　　　　エチレン

この反応を2－ブタノールに置き換えて考えてみると，次に示すように，(b)構造異性体の関係にある2つのアルケン C_4H_8 の生成が予想される。

$$\mathrm{H{-}\overset{\displaystyle H}{\underset{\displaystyle H}{C}}{-}\overset{\displaystyle H}{\underset{\displaystyle OH}{C}}{-}\overset{\displaystyle H}{\underset{\displaystyle H}{C}}{-}\overset{\displaystyle H}{\underset{\displaystyle H}{C}}{-}H}$$

2-ブタノール

→ $CH_3-CH=CH-CH_3$ 2-ブテン

⇢ $CH_2=CH-CH_2-CH_3$ 1-ブテン

しかし，実際に2-ブタノールと濃硫酸の混合物を加熱して得られるアルケンは，主に2-ブテンであり，1-ブテンはほとんど生成しない。これは，次のような**規則1**で説明される。

規則1：アルケンの脱水反応では，ヒドロキシ基をもつ炭素原子に結合した炭素原子のうち，より多くの炭化水素基と結合した炭素原子から水素原子が脱離する反応のほうが起こりやすい。

問題編

共通テスト・第1日程

予想問題・第1回

予想問題・第2回

予想問題・第3回

a　下線部(b)に関して，分子式が C_4H_8 で表される化合物には他にも構造異性体が存在する。考えられる構造異性体の数として正しいものを，次の①〜⑤のうちから一つ選べ。ただし，1-ブテンと 2-ブテンは含めないものとする。［24］

① 1　② 2　③ 3　④ 4　⑤ 5

b　文中の**規則 1** から生成物を予測することが可能であるアルコール X と，**規則 1** に加えて，次の**規則 2** を考慮することで生成物を予測することが可能であるアルコール Y の構造として最も適切なものを，下の①〜④のうちからそれぞれ一つずつ選べ。X［25］，Y［26］

> **規則 2**：ヒドロキシ基をもつ炭素原子に結合した炭素原子が，同じ数の炭化水素基と結合している場合は，より炭素数が多い炭化水素基と結合している炭素原子から水素原子が脱離する反応のほうが起こりやすい。

① $CH_3-CH_2-CH(OH)-CH_2-CH_3$

② $CH_3-CH(CH_3)-CH(OH)-CH_3$

③ $CH_3-C(CH_3)_2-CH(OH)-CH_3$

④ $CH_3-CH(CH_3)-CH(OH)-CH(CH_3)-CH_2-CH_3$

問3 安息香酸，アニリン，フェノール，トルエンを含む混合物を用いて，次の手順1～3に従って有機化合物の分離と検出に関する実験を行った。

手順1 混合物を完全にエーテルに溶解し，分液漏斗に入れる。

手順2 図1に示す操作に沿って各化合物を分離する。

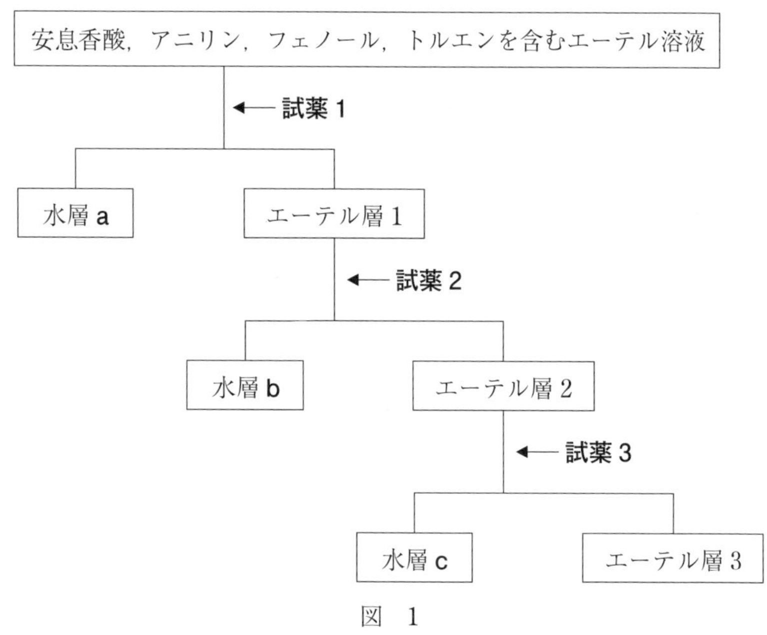

図 1

手順3 **手順2**で得られた水層a～cに表1に示す操作を行い，分離した化合物の存在を確認する。

表 1

水層	操作
a	希塩酸を加える。
b	二酸化炭素を通じた後，得られた油状物質を試験管に取り水で薄め，塩化鉄(Ⅲ)水溶液を加える。
c	水酸化ナトリウム水溶液を加えた後，得られた油状物質を試験管に取り水で薄め，さらし粉水溶液を加える。

表1の操作を行ったところ，表2の結果が得られた。

表　2

水層	
a	白色沈殿を生じる
b	紫色に呈色する
c	赤紫色に呈色する

実験で用いた試薬1～3の組合せとして最も適切なものを，次の①～⑥のうちから一つ選べ。 27

	試薬1	試薬2	試薬3
①	希塩酸	水酸化ナトリウム水溶液	炭酸水素ナトリウム水溶液
②	希塩酸	炭酸水素ナトリウム水溶液	水酸化ナトリウム水溶液
③	水酸化ナトリウム水溶液	希塩酸	炭酸水素ナトリウム水溶液
④	水酸化ナトリウム水溶液	炭酸水素ナトリウム水溶液	希塩酸
⑤	炭酸水素ナトリウム水溶液	希塩酸	水酸化ナトリウム水溶液
⑥	炭酸水素ナトリウム水溶液	水酸化ナトリウム水溶液	希塩酸

問4 タンパク質に関する記述として**誤りを含むもの**はどれか。最も適当なものを，次の①～④のうちから一つ選べ。 28

① タンパク質には，α-アミノ酸のみからなる単純タンパク質と，α-アミノ酸以外に色素や糖などを含んだ複合タンパク質が存在する。

② タンパク質の水溶液に水酸化ナトリウム水溶液を加えた後，少量の硫酸銅(Ⅱ)水溶液を加えると，赤紫色に呈色する。

③ 加熱や水溶液のpHの変化によってタンパク質の一次構造が変化する現象を，変性という。

④ 生体内で起こる化学反応の触媒としてはたらく酵素の主成分は，タンパク質である。

問5　図2は，生分解性プラスチックであるポリ乳酸とポリグリコール酸の構造を示したものである。

同じ質量のポリ乳酸とポリグリコール酸が分解されたとき，最終的にポリ乳酸から発生する二酸化炭素の体積は，ポリグリコール酸から発生する二酸化炭素の体積の何倍か。最も適当な数値を，次の①～⑥のうちから一つ選べ。ただし，二酸化炭素の体積は同温・同圧の下で測定したものとする。 29

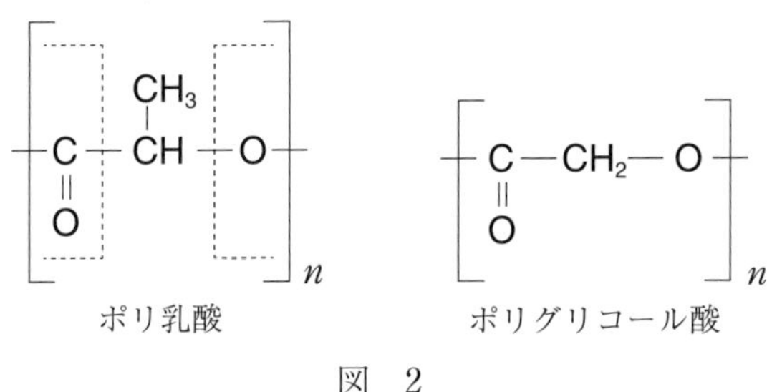

図　2

① 0.65　　② 0.70　　③ 0.95

④ 1.2　　⑤ 1.4　　⑥ 1.5

第5問 安息香酸に関する問い(**問1・2**)に答えよ。(配点　20)

問1 安息香酸をベンゼンに溶かすと，その一部が図1のような二量体(安息香酸2分子が水素結合によって結びついたもの)となる。

図1　安息香酸の二量体(点線は水素結合)

安息香酸のベンゼン溶液を用いた次ページの**実験Ⅰ**に関する問い(**a**～**c**)に答えよ。ただし，ベンゼンの凝固点は5.50℃，モル凝固点降下は5.10 K·kg/molとする。また，必要があれば次の方眼紙を使うこと。

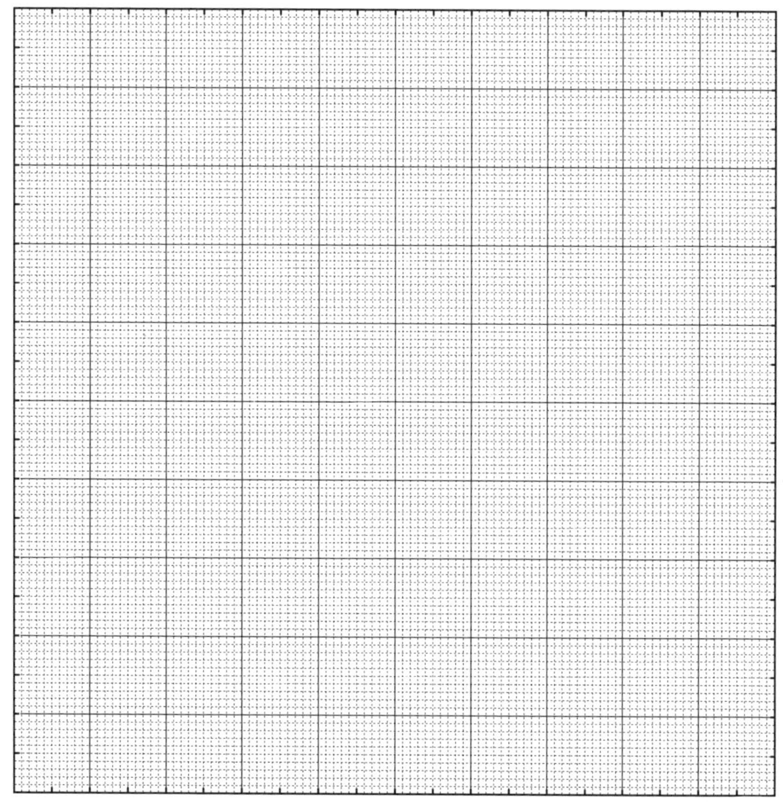

実験Ⅰ　安息香酸3.00 gをベンゼン100 gに溶解した溶液を氷水で冷却し，よくかき混ぜながら1分ごとに温度を測定したところ，表1に示す結果が得られた。

表1　安息香酸を溶解させたベンゼン溶液の温度変化

時間〔分〕	1	2	3	4	5	6	7	8
温度〔℃〕	8.10	5.30	2.55	2.20	4.10	3.90	3.65	3.40

a　この溶液の凝固点を求めると何℃になるか。最も適当な数値を，次の①～④のうちから一つ選べ。 30

①　2.90　　②　4.15　　③　4.75　　④　5.25

b　実験結果から求められる安息香酸の平均分子量(見かけの分子量)として最も適当な数値を，次の①～④のうちから一つ選べ。 31

①　58.8　　②　113　　③　204　　④　612

c　**b**で求めた値が安息香酸の真の分子量122と異なる理由を述べた記述として正しいを，次の①～④のうちから一つ選べ。 32

①　安息香酸の一部が二量体を形成したため，溶質粒子の見かけの物質量が増加したから。

②　安息香酸の一部が二量体を形成したため，溶質粒子の見かけの物質量が減少したから。

③　冷却によって安息香酸の二量体が分解され，溶質粒子の見かけの物質量が増加したから。

④　冷却によって安息香酸の二量体が分解され，溶質粒子の見かけの物質量が減少したから。

問2　安息香酸を濃硫酸の存在下でエタノールと反応させると，安息香酸エチルが生成する。次の**実験Ⅱ**に関する下の問い(**a** ～ **c**)に答えよ。

実験Ⅱ　丸底フラスコに2.00 gの安息香酸と十分量のエタノールを入れ，少量の濃硫酸と沸騰石を加えた後，フラスコを湯浴でしばらく加熱した。反応後の溶液から(i)未反応のエタノールの大部分を除き，残りを分液ろうとに移し，水に加えた。続けて，エーテルを加えてよく振りまぜ静置した後，(ii)エーテル層を取り出し，炭酸水素ナトリウム水溶液を加えてよく振りまぜ静置した。さらに，エーテル層を三角フラスコに移し，(iii)粒状の無水塩化カルシウムを少量加えて，しばらく放置した。(iv)塩化カルシウムを除き，エーテルを蒸発させると1.60 gの安息香酸エチルが得られた。

a　下線部(i)と(iv)で行う分離操作の組合せとして最も適当なものを，次の①～⑥のうちから一つ選べ。 33

	下線部(i)	下線部(iv)
①	蒸留	再結晶
②	蒸留	ろ過
③	昇華	再結晶
④	昇華	ろ過
⑤	抽出	再結晶
⑥	抽出	ろ過

b　化学反応では，反応物がすべて目的の生成物になるとは限らない。反応物の物質量と反応式から計算して求めた生成物の物質量に対する，実際に得られた生成物の物質量の割合を収率といい，次の式で求められる。

$$収率〔\%〕=\frac{実際に得られた生成物の物質量〔mol〕}{反応式から計算して求めた生成物の物質量〔mol〕}\times 100$$

この反応の収率〔%〕として最も適当な数値を，次の①～⑤のうちから一つ選べ。ただし，安息香酸の分子量は122である。[34]%

① 52　　② 65　　③ 71　　④ 74　　⑤ 81

c　下線部(ii)および(iii)の操作を行なかった場合，**b**で求めた収率に与える影響の組合せとして最も適当なものを，次の①～⑨のうちから一つ選べ。[35]

	下線部(ii)	下線部(iii)
①	真の値よりも大きくなる	真の値よりも大きくなる
②	真の値よりも大きくなる	真の値よりも小さくなる
③	真の値よりも大きくなる	変化しない
④	真の値よりも小さくなる	真の値よりも大きくなる
⑤	真の値よりも小さくなる	真の値よりも小さくなる
⑥	真の値よりも小さくなる	変化しない
⑦	変化しない	真の値よりも大きくなる
⑧	変化しない	真の値よりも小さくなる
⑨	変化しない	変化しない

予想問題・第2回

100点満点／60分

化　学

（解答番号 1 ～ 31 ）

必要があれば，原子量は次の値を使うこと。

H 1.0　C 12　O 16　S 32　Pb 207

気体は，実在気体とことわりがない限り，理想気体として扱うものとする。

第1問 次の問い（問1～4）に答えよ。（配点 20）

問1 図1は，周期表の第1周期～第3周期を示したものである。元素A～Eに関する記述として**誤りを含むもの**はどれか。最も適当なものを，下の①～⑤のうちから一つ選べ。 1

周期＼族	1	2	3～12	13	14	15	16	17	18
1									A
2		B					C		
3					D			E	

図　1

① Aの原子は，価電子の数を0とする。

② Bの原子は，2価の陽イオンになりやすい。

③ Cの単体には，同素体が存在する。

④ Dは，金属元素である。

⑤ Eの原子は，同一周期の元素のうちで最も電子親和力が大きい。

問2 水素には ^{1}H および ^{2}H の同位体が存在し，^{1}H のみからなる $^{1}H_2O$ 分子の分子量は 18，^{2}H のみからなる $^{2}H_2O$ 分子の分子量は 20 である。それぞれ 10 g の $^{1}H_2O$ と $^{2}H_2O$ に含まれる水素原子の数として最も適当な数値を，それぞれ次の①～⑥のうちから一つ選べ。ただし，アボガドロ定数を 6.0×10^{23} /mol とする。

$^{1}H_2O$ [2] 個，$^{2}H_2O$ [3] 個

① 1.5×10^{23}　② 1.7×10^{23}　③ 3.0×10^{23}
④ 3.3×10^{23}　⑤ 6.0×10^{23}　⑥ 6.7×10^{23}

問3 希薄溶液の性質として**誤りを含むもの**はどれか。最も適当なものを，次の①～④のうちから一つ選べ。ただし，電解質は水溶液中で完全に電離しているものとする。[4]

① グルコース水溶液の 100 ℃における蒸気圧は，1.013×10^5 Pa よりも高い。
② 0.20 mol/kg の塩化カルシウム水溶液の沸点は，0.50 mol/kg のスクロース水溶液の沸点よりも高い。
③ 0.10 mol/kg の尿素水溶液を冷却していくと，凝固点よりも低い温度になっても凝固が起こらないことがある。
④ 同じ温度の 0.20 mol/L のグルコース水溶液と 0.10 mol/L の塩化ナトリウム水溶液の浸透圧は等しい。

問4　イオン結晶に関する問い(**a**・**b**)に答えよ。

図2は，3種類の単原子イオン A^{4+}，B^{2-}，C^{2+} からなるイオン結晶の単位格子を示したものである。単位格子は立方体であり，A^{4+} は中心，B^{2-} は各面心，C^{2+} は各頂点に位置している。なお，すべてのイオンは剛体球であり，最も近い位置にある陽イオンと陰イオン(A^{4+} と B^{2-}，C^{2+} と B^{2-})は互いに接しているものとする。

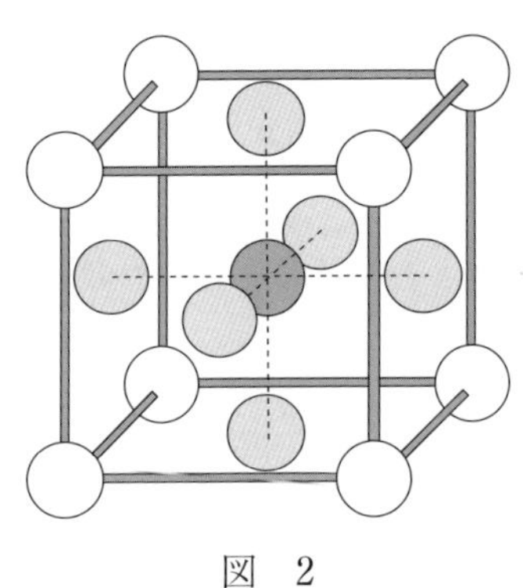

図　2

a　単位格子に含まれている A^{4+}，B^{2-}，C^{2+} の数として最も適当なものを，それぞれ次の①～⑧のうちから一つ選べ。ただし，同じものを繰り返し選んでもよい。

A^{4+} [5]，B^{2-} [6]，C^{2+} [7]

① 1　② 2　③ 3　④ 4
⑤ 5　⑥ 6　⑦ 7　⑧ 8

b　B^{2-}，C^{2+} の半径を R_B〔cm〕，R_C〔cm〕とすると，A^{4+} の半径 R_A〔cm〕を表す式として正しいものを，次の①～⑥のうちから一つ選べ。

[8] cm

① $\dfrac{(\sqrt{3}-3)R_B+\sqrt{3}R_C}{3}$　② $\dfrac{\sqrt{3}R_B+3R_C}{3}$　③ $\dfrac{(\sqrt{3}+1)R_B+\sqrt{3}R_C}{3}$

④ $\dfrac{(\sqrt{2}-2)R_B+\sqrt{2}R_C}{2}$　⑤ $\dfrac{\sqrt{2}R_B+2R_C}{2}$　⑥ $\dfrac{(\sqrt{2}+1)R_B+\sqrt{2}R_C}{2}$

第2問　次の問い(問1～3)に答えよ。(配点　20)

問1　次の熱化学方程式に関する記述として**誤りを含むもの**はどれか。最も適当なものを，下の①～⑤のうちから一つ選べ。 9

$$H_2(\text{気}) + \frac{1}{2}O_2(\text{気}) = H_2O(\text{液}) + 286\ \mathrm{kJ}$$

$$C(\text{黒鉛}) + \frac{1}{2}O_2(\text{気}) = CO(\text{気}) + 111\ \mathrm{kJ}$$

$$C(\text{黒鉛}) + O_2(\text{気}) = CO_2(\text{気}) + 394\ \mathrm{kJ}$$

$$C(\text{黒鉛}) + 2H_2(\text{気}) = CH_4(\text{気}) + 75\ \mathrm{kJ}$$

① 水素の燃焼熱と水(液)の生成熱は，ともに286 kJ/mol である。

② 黒鉛の燃焼熱は，111 kJ/mol である。

③ 一酸化炭素の燃焼熱は，283 kJ/mol である。

④ 二酸化炭素の生成熱は，394 kJ/mol である。

⑤ メタンの燃焼熱は，891 kJ/mol である。

問2　水素とヨウ素の混合気体を容積一定の容器に入れ，一定の温度に保ったところ，次に示す反応が平衡状態(**状態Ⅰ**)となった。この反応の正反応は，発熱反応である。

$$H_2 + I_2 \rightleftarrows 2\,HI$$

状態Ⅰに関する記述として**誤りを含むもの**はどれか。最も適当なものを，次の①～④のうちから一つ選べ。 10

①　温度一定でヨウ化水素を加えると，水素の濃度が増加する。

②　温度を上げると，正反応の反応速度は減少し，逆反応の反応速度は増加する。

③　温度一定でアルゴンを加えても，水素，ヨウ素，ヨウ化水素の濃度は変化しない。

④　温度を下げると，この反応の平衡定数は大きくなる。

問3 鉛蓄電池に関する問い(**a**・**b**)に答えよ。

自動車のバッテリーに利用されている鉛蓄電池は，図1のような構造をしており，鉛板が負極，酸化鉛(Ⅳ)板が正極である。

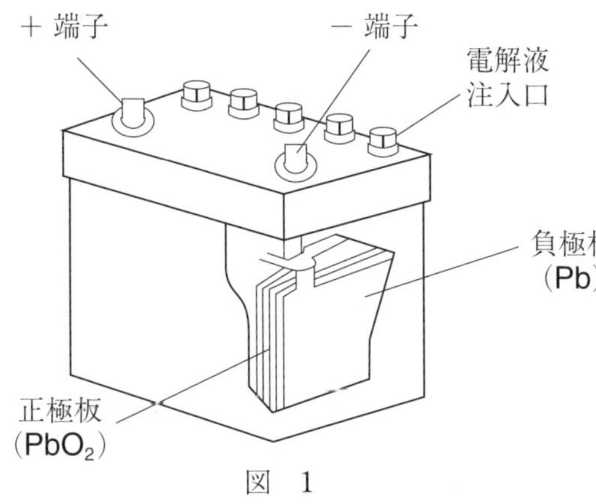

図　1

放電すると，両電極で水に不溶性の硫酸鉛(Ⅱ)が析出し，(a)<u>各電極の質量が増加する</u>。このときに起こる反応は，それぞれ次の通りである。

負極　$Pb + SO_4{}^{2-} \longrightarrow PbSO_4 + 2\,e^-$

正極　$PbO_2 + 2\,e^- + SO_4{}^{2-} + 4\,H^+ \longrightarrow PbSO_4 + 2\,H_2O$

また，放電後，鉛板を外部電源の負極，酸化鉛(Ⅳ)板を外部電源の正極につなぎ，(b)<u>放電時と逆向きに電流を流すと，起電力が回復する</u>。

問題編

共通テスト・第1日程
予想問題・第1回
予想問題・第2回
予想問題・第3回

a　下線部(a)に関して，正極の質量変化は，負極の質量変化の何倍か。最も適当な数値を，次の①～⑥のうちから一つ選べ。 11

①　0.67　　②　0.87　　③　1.0
④　1.2　　⑤　1.5　　⑥　1.8

b　下線部(b)の操作を充電といい，一般に，充電できる電池を二次電池という。二次電池であるものを，次の①～⑤のうちから一つ選べ。 12

①　マンガン乾電池　　②　酸化銀電池　　③　リチウム電池
④　リチウムイオン電池　　⑤　アルカリマンガン乾電池

問4　鉛蓄電池を用いて，2枚の白金板を電極とし，塩化銅(Ⅱ)水溶液を電気分解した。図2は，その様子を模式的に示したものである。

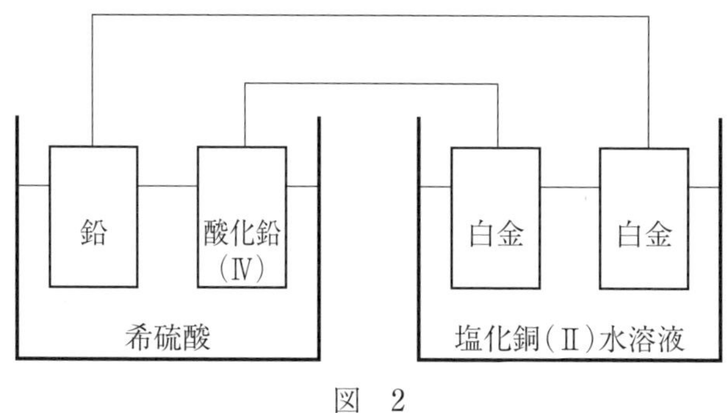

図　2

電気分解を行った時間と，鉛電極の質量の関係をまとめたところ，図3に示すグラフが得られた。次ページの問い(**a**・**b**)に答えよ。

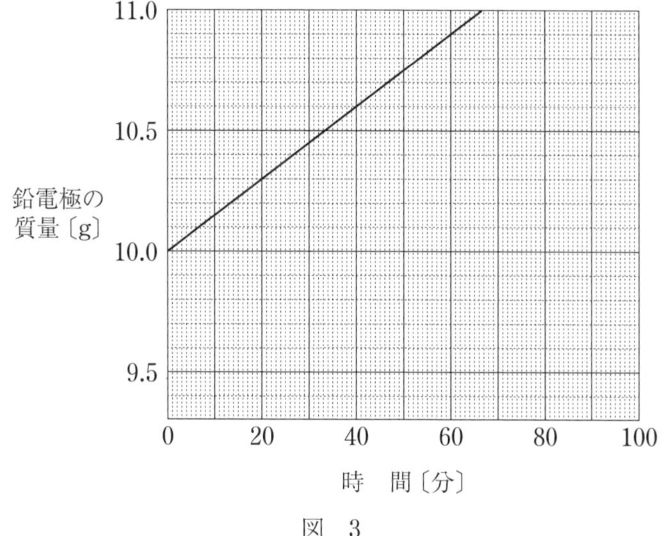

図　3

問題編
共通テスト・第1日程
予想問題・第1回
予想問題・第2回
予想問題・第3回

a　電気分解を行うと，一方の白金電極では気体が発生した。60 分間電気分解を行ったとき，発生した気体の 0 ℃，1.013×10^5 Pa における体積は何 mL か，有効数字 2 桁で次の形式で表すとき，[13] ～ [15] に当てはまる数字を，下の①～⓪のうちから一つずつ選べ。ただし，同じものを繰り返し選んでもよい。

[13] . [14] × 10^[15] mL

①　1	②　2	③　3	④　4	⑤　5
⑥　6	⑦　7	⑧　8	⑨　9	⓪　0

b　鉛蓄電池の放電によって流れた電流〔A〕として最も適当な数値を，次の①～⑥のうちから一つ選べ。ただし，ファラデー定数は 9.65×10^4 C/mol とし，電流の値は電気分解を通じて常に一定であるものとする。[16] A

①　0.15	②　0.50	③　0.75
④　1.2	⑤　1.9	⑥　2.2

第3問　次の問い(問1～3)に答えよ。(配点　20)

問1　ハロゲンの化合物に関する次の記述ア～ウのうち，正しいものをすべて選択しているものを，下の①～⑥のうちから一つ選べ。 17

ア　ハロゲン化銀 AgF，AgCl，AgBr，AgI の結晶のうち，AgF だけは水によく溶ける。

イ　AgCl の結晶はアンモニア水によく溶ける。

ウ　ハロゲン化水素 HF，HCl，HBr，HI の水溶液のうちで，HCl の水溶液が最も強い酸性を示す。

① ア　　② イ　　③ ウ

④ アとイ　　⑤ アとウ　　⑥ イとウ

問2　アンモニアソーダ法(ソルベー法)に関する問い(**a**・**b**)に答えよ。

炭酸ナトリウムは，工業的にはアンモニアソーダ法(ソルベー法)により，塩化ナトリウムと炭酸カルシウムを原料に製造されている。図1は，アンモニアソーダ法(ソルベー法)の流れを示したものである。

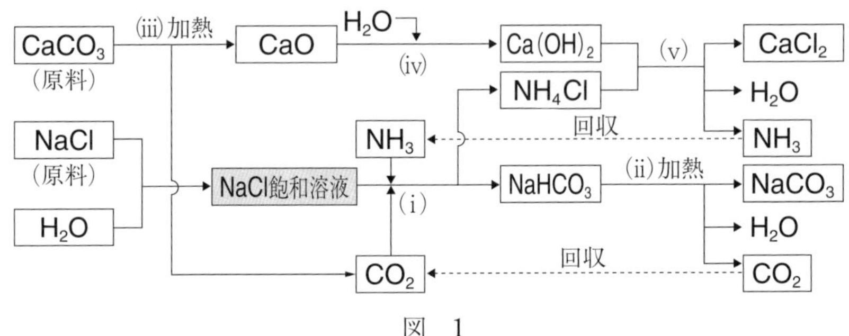

図　1

a　反応(i)に関して，塩化ナトリウムの飽和水溶液にアンモニアと二酸化炭素を吹き込む順番に関する記述として正しいものを，次の①～④のうちから一つ選べ。 18

① アンモニアの溶解度を抑えるために，二酸化炭素を先に吹き込む。
② アンモニアの溶解度を大きくするために，二酸化炭素を先に吹き込む。
③ 二酸化炭素の溶解度を抑えるために，アンモニアを先に吹き込む。
④ 二酸化炭素の溶解度を大きくするために，アンモニアを先に吹き込む。

b　図1に関する記述として**誤りを含むもの**はどれか。最も適当なものを，次の①～⑤のうちから一つ選べ。 19

① 反応(i)では，炭酸水素ナトリウムの白色沈殿が生じる。
② 反応(ii)で得られる二酸化炭素の物質量は，反応(i)で用いる二酸化炭素の物質量の $\frac{1}{2}$ 倍である。
③ 反応(iii)で得られる酸化カルシウムは，消石灰ともよばれる。
④ 反応(iv)では，多量の熱量が発生する。
⑤ 反応(v)は，水酸化カルシウムと塩化アンモニウムが物質量比 1：2 で反応する。

問3 水に難溶性である塩化銀の結晶を水に加えると，次に示す溶解平衡の状態になる。

$$AgCl(固) \rightleftarrows Ag^{+} + Cl^{-} \qquad (1)$$

25℃の水溶液において式(1)の平衡が成り立っているとき，水溶液中の銀イオンの濃度 $[Ag^{+}]$ と塩化物イオンの濃度 $[Cl^{-}]$ の間には図1のような関係がある。

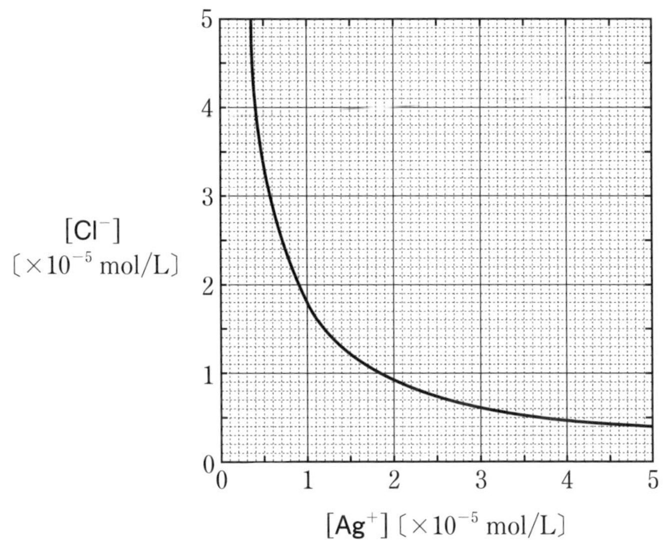

図1 $[Ag^{+}]$ と $[Cl^{-}]$ の関係

また，クロム酸銀の結晶は，塩化銀と同様に水に難溶性であり，水溶液中では次に示す溶解平衡の状態になる。

$$Ag_2CrO_4(固) \rightleftarrows 2Ag^{+} + CrO_4^{2-} \qquad (2)$$

式(2)の平衡定数 K は，

$$K = \frac{[Ag^+]^2[CrO_4^{2-}]}{[Ag_2CrO_4(固)]}$$

で表され，$K[Ag_2CrO_4(固)]$ を $K_{sp}(mol/L)^3$ とすると，

$$K_{sp} = [Ag^+]^2[CrO_4^{2-}]$$

となる。ここで，25℃における K_{sp} の値は $9.0 \times 10^{-12}\,(mol/L)^3$ である。式(1)，および式(2)に関する次の問い（**a**・**b**）に答えよ。

a　1.0×10^{-5} mol/L の塩化ナトリウム水溶液 10 mL にア〜ウの条件で硝酸銀水溶液を加えたとき，塩化銀の沈殿を生じるものはどれか。すべてを正しく選択しているものを，下の①〜⑦のうちから一つ選べ。ただし，混合による水溶液の体積変化はないものとする。 20

ア　3.0×10^{-5} mol/L の硝酸銀水溶液 10 mL を加える
イ　6.0×10^{-5} mol/L の硝酸銀水溶液 10 mL を加える
ウ　9.0×10^{-5} mol/L の硝酸銀水溶液 10 mL を加える

①　アのみ　②　イのみ　③　ウのみ　④　ア，イ
⑤　ア，ウ　⑥　イ，ウ　⑦　ア，イ，ウ

b　濃度未知の塩化物イオンと 1.0×10^{-3} mol/L のクロム酸イオンを含む水溶液 45 mL に，0.10 mol/L の硝酸銀水溶液を滴下していくと白色沈殿を生じた。さらに，硝酸銀水溶液を滴下していき，合計で 5.0 mL 加えたところで暗赤色沈殿が生じた。暗赤色沈殿が生じたときの塩化物イオンの濃度は何 mol/L か。最も適当な数値を，次の①〜④のうちから一つ選べ。 21 mol/L

①　2.2×10^{-7}　②　5.0×10^{-7}　③　1.1×10^{-6}
④　1.8×10^{-6}

第4問 次の問い(**問1～5**)に答えよ。(配点 20)

問1 炭化水素に関する記述として**誤りを含むもの**はどれか。最も適当なものを，次の①～④のうちから一つ選べ。 22

① 直鎖構造のアルカンの沸点は，炭素数が増えるほど高くなる。

② 炭素数が等しいアルケンとシクロアルカンは，互いに立体異性体の関係にある。

③ アルケンの完全燃焼で生成する二酸化炭素と水の物質量比は，アルケンの炭素数によらず，常に1：1である。

④ アルキンは，炭素数が等しいアルケンよりも水素原子の数が2つ少ない。

問2　図1は，窒素を含む芳香族化合物の反応の流れを示したものである。

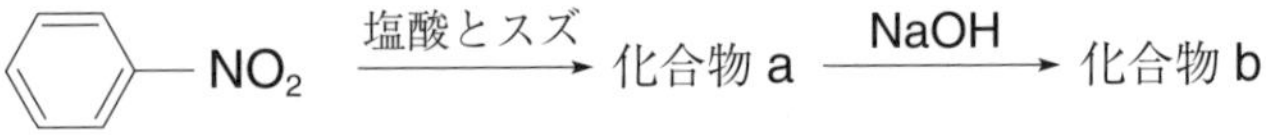

$-NO_2$ $\xrightarrow{\text{塩酸とスズ}}$ 化合物 a $\xrightarrow{NaOH}$ 化合物 b

図　1

化合物 b を塩酸に溶解させ，亜硝酸ナトリウム水溶液を作用させると，化合物 c が得られる。化合物 c にナトリウムフェノキシドを作用させると，橙色の染料として用いられる化合物 d が得られる。b と d の構造の組合せとして最も適当なものを，次の①～⑥のうちから一つ選べ。 23

	化合物 b	化合物 d
①	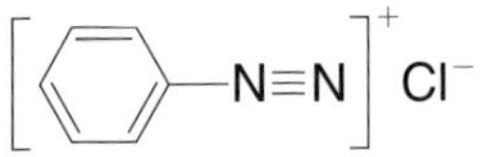 $[\ \ -N\equiv N]^{+}\ Cl^{-}$	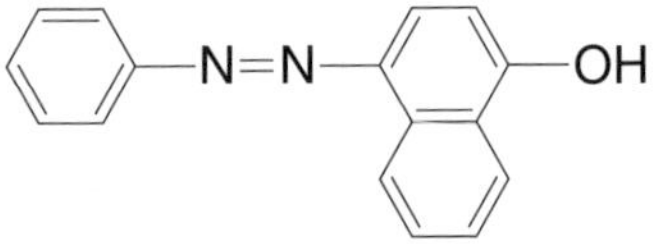 $-N=N-$ $\ \ -OH$
②	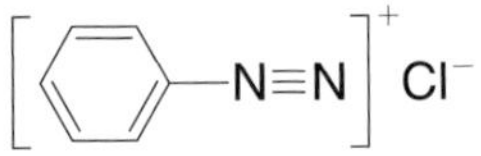 $[\ \ -N\equiv N]^{+}\ Cl^{-}$	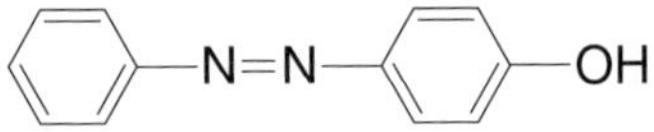 $-N=N-$ $\ \ -OH$
③	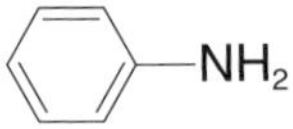 $-NH_2$	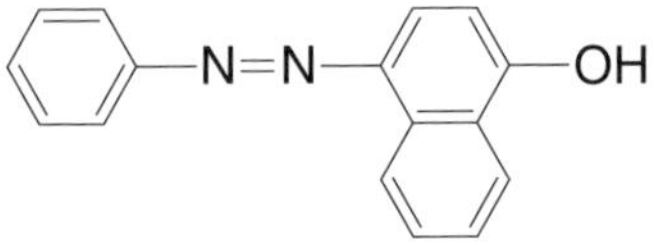 $-N=N-$ $\ \ -OH$
④	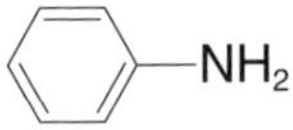 $-NH_2$	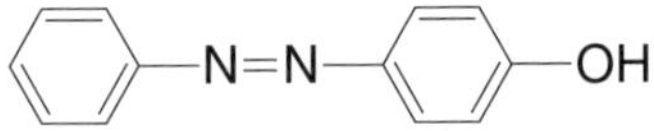 $-N=N-$ $\ \ -OH$
⑤	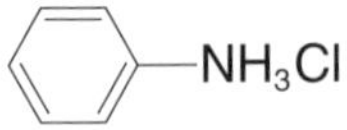 $-NH_3Cl$	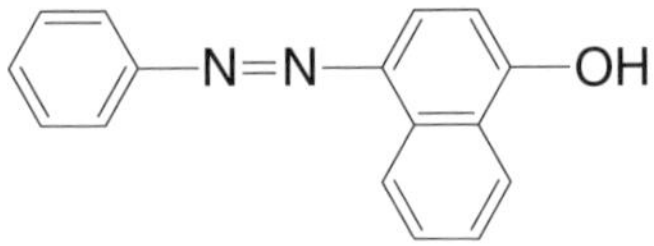 $-N=N-$ $\ \ -OH$
⑥	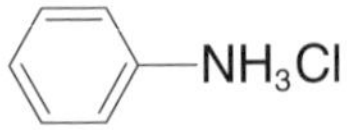 $-NH_3Cl$	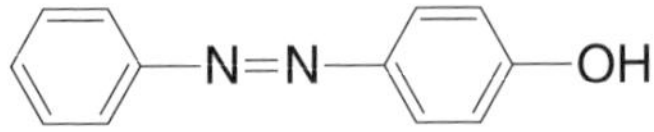 $-N=N-$ $\ \ -OH$

問3　脂肪族化合物に関する問い(**a**・**b**)に答えよ。

学校の授業で，分子式 $C_4H_{10}O$ で表される化合物 X，Y，Z に関する，次の**実験**Ⅰ・Ⅱを行ったところ，それぞれ表1，表2のような結果が得られた。

実験Ⅰ　試験管に入れた液体状態の X，Y，Z に，それぞれ金属ナトリウムの小片を加えた。

表　1

	X を入れた試験管	Y を入れた試験管	Z を入れた試験管
結果	気体の発生が見られた	変化が見られなかった	気体の発生が見られた

実験Ⅱ　試験管に入れた液体状態の X，Z にヨウ素と水酸化ナトリウム水溶液を加えて温めた。

表　2

	X を入れた試験管	Z を入れた試験管
結果	黄色沈殿が生じた	変化が見られなかった

a　**実験Ⅰ**の結果より，化合物**Y**として考えられる化合物は何通りか。最も適当な数値を，次の①～⑤のうちから一つ選べ。 24

① 1　　② 2　　③ 3　　④ 4　　⑤ 5

b　**実験Ⅰ・Ⅱ**の結果だけでは，化合物**X**と**Z**のうち，一方の構造しか決定することができなかった。そこで，もう一方の化合物を用いて，新たに**実験Ⅲ**を行ったところ，その化合物の構造を決定することができた。**実験Ⅲ**の内容として最も適切なものを，次の①～④のうちから一つ選べ。
25

① 炭酸水素ナトリウム水溶液に加え，変化を観察した。
② 塩化鉄(Ⅲ)水溶液を加え，水溶液の色の変化を観察した。
③ アンモニア性硝酸銀水溶液を加え，変化を観察した。
④ 硫酸酸性の過マンガン酸カリウム水溶液を加え，水溶液の色の変化を観察した。

問4　核酸に関する記述として**誤りを含むもの**はどれか。最も適当なものを，次の①～④のうちから一つ選べ。 26

① 核酸を構成する元素は，炭素，水素，窒素，酸素，リンである。

② RNA に含まれる五炭糖は，DNA に含まれる五炭糖とは構造が異なる。

③ シトシンとアデニンは，ともに DNA と RNA の両方に含まれる共通の塩基である。

④ DNA の二重らせん構造は，2本のポリヌクレオチド鎖の塩基対の間に形成されるイオン結合によって維持されている。

問5　図2に示すように，フェノール樹脂はホルムアルデヒドとフェノールの付加縮合によって合成される。フェノール 58 g と質量パーセント濃度 40 % のホルムアルデヒド水溶液を用いて反応させたところ，フェノール樹脂が 70 g 得られた。このとき用いたホルムアルデヒド水溶液の質量は何 g か。最も適当な数値を，下の①～⑤のうちから一つ選べ。ただし，ホルムアルデヒドはすべて反応したものとする。 27

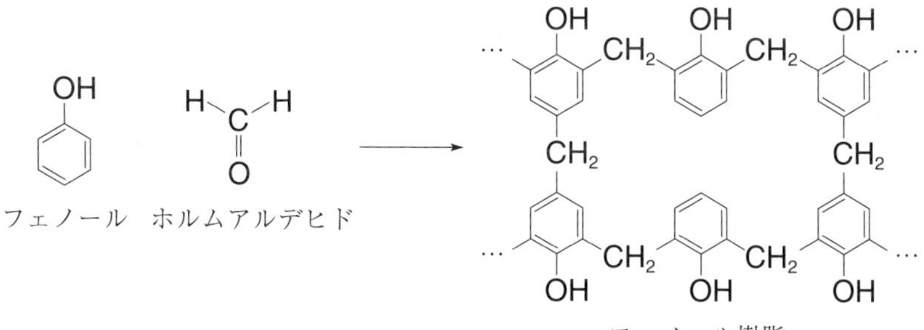

図　2

① 12　　② 36　　③ 75　　④ 87　　⑤ 98

問題編
共通テスト・第1日程
予想問題・第1回
予想問題・第2回
予想問題・第3回

第5問　糖類に関する問い(問1～3)に答えよ。

図1は，テンサイや大豆などに含まれる三糖類であるラフィノースの構造を示したものである。

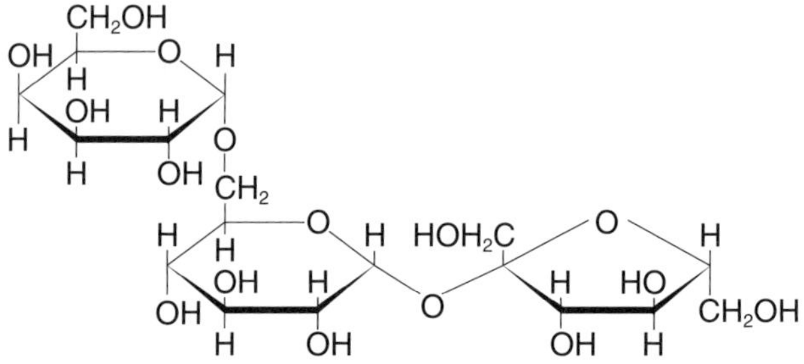

図　1

ラフィノースのグリコシド結合を希硫酸で完全に加水分解すると，単糖類のグルコース，ガラクトース，フルクトースが，物質量比1：1：1で得られる。一方，ラフィノースのグリコシド結合を(a)酵素 E_1 または酵素 E_2 を用いて部分的に加水分解すると，(b)二種類の二糖類X，Yが得られる。

問1　ラフィノースの反応に関する記述として正しいものを，次の①～④のうちから一つ選べ。 28

① 銀鏡反応もヨウ素デンプン反応も示す。
② 銀鏡反応は示すが，ヨウ素デンプン反応は示さない。
③ 銀鏡反応は示さないが，ヨウ素デンプン反応は示す。
④ 銀鏡反応もヨウ素デンプン反応も示さない。

問2　下線部(a)について，酵素を用いた反応の反応速度と温度の関係を正しく表しているものを，次の①～⑥のうちから一つ選べ。なお，実線(———)は酵素を用いた反応，点線(---------)は無機触媒を用いた反応を表している。 29

①

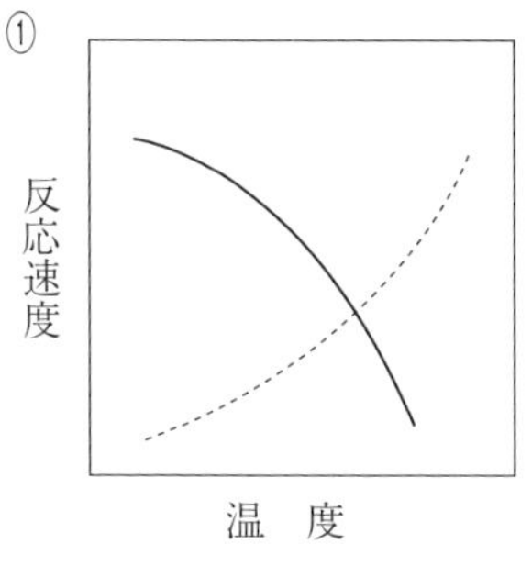

②

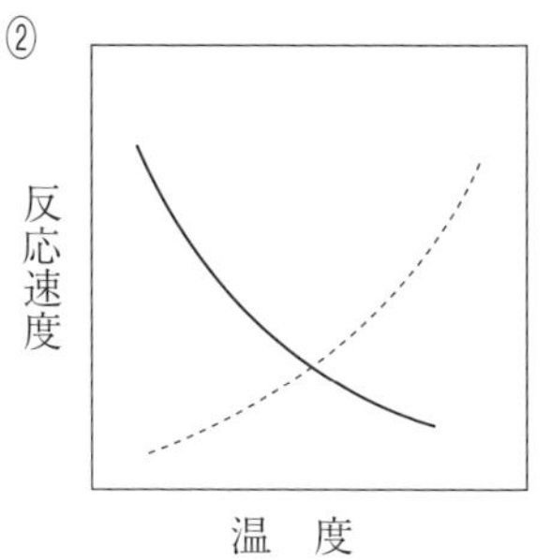

③

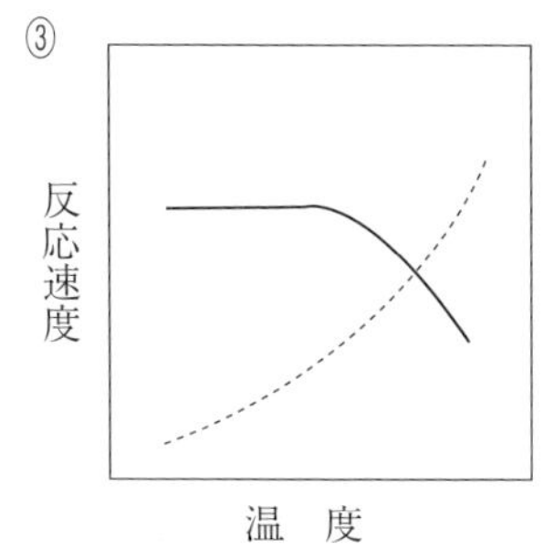

④

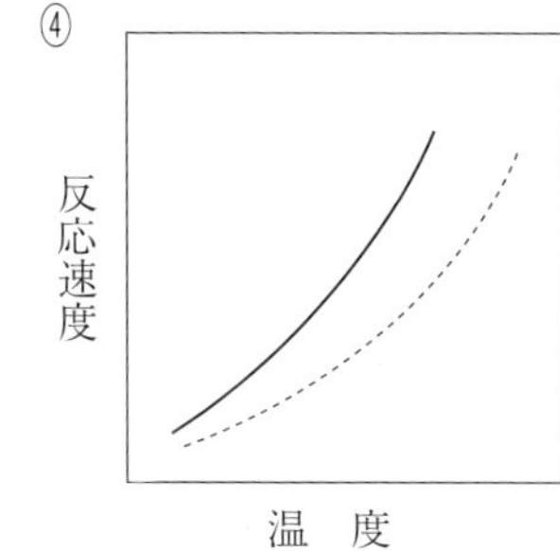

⑤

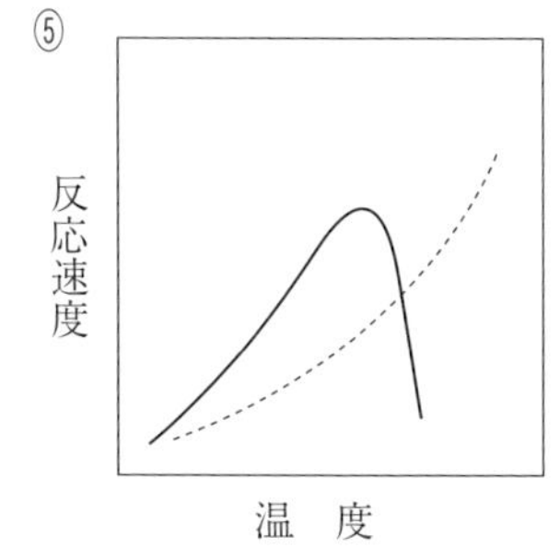

⑥

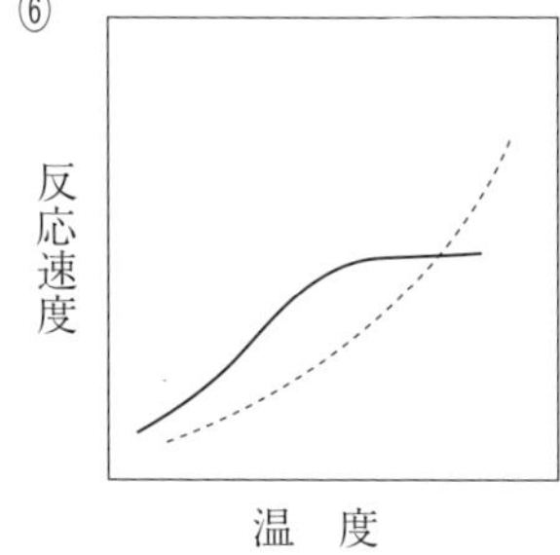

問3　下線部(b)について，二糖類Y，Xのうちの一つとして正しいものを，次の①～⑤のうちから一つ選べ。 30

① ラクトース　② マルトース　③ スクロース
④ セルロース　⑤ アミロース

問4　ラフィノース 10.0 g を完全燃焼させたときに発生する二酸化炭素は，0 ℃，1.013×10^5 Pa のもとで何 L か。最も適当な数値を，次の①～⑥のうちから一つ選べ。ただし，ラフィノースの分子量は 504 とする。
31 L

① 2.05　② 3.34　③ 5.78
④ 8.00　⑤ 11.1　⑥ 12.8

予想問題・第3回

100点満点／60分

化　学

（解答番号 1 ～ 29 ）

必要があれば，原子量は次の値を使うこと。

H 1.0　　C 12　　O 16　　S 32　　Cu 64

気体は，実在気体とことわりがない限り，理想気体として扱うものとする。

第1問　次の問い（問1～4）に答えよ。（配点　20）

問1　次の記述（**ア**・**イ**）の両方に当てはまる分子として最も適当なものを，下の①～④のうちから一つ選べ。 1

ア　極性分子であるもの

イ　Ar原子と同じ電子配置をした原子を含むもの

①　Cl_2　　②　$CHCl_3$　　③　H_2O　　④　CO_2

問2　図1は，ケイ素の結晶の単位格子を示したものである。ケイ素の結晶に関する次の記述(**ア**～**ウ**)のうち，正しいものをすべて選択しているものを，下の①～⑦のうちから一つ選べ。ただし，各ケイ素原子は剛体球とみなすことができるものとし，最も近い位置にある原子どうしは互いに接しているものとする。 2

ア　ダイヤモンドの結晶と同じ構造である。
イ　各ケイ素原子は，他のケイ素原子6個と接している。
ウ　単位格子中に含まれるケイ素原子の数は，8個である。

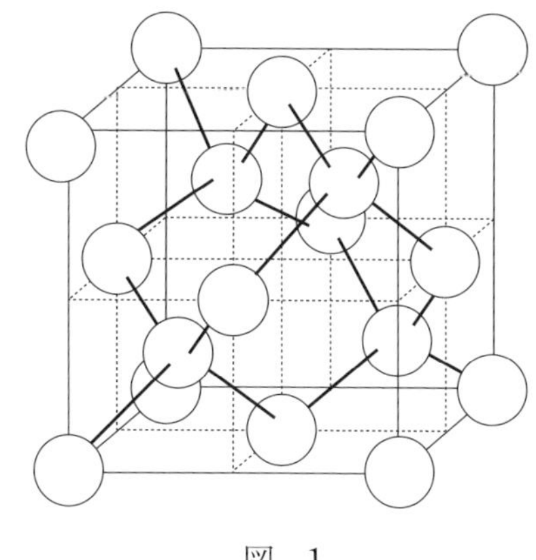

図　1

① **ア**のみ　② **イ**のみ　③ **ウ**のみ　④ **ア**と**イ**
⑤ **ア**と**ウ**　⑥ **イ**と**ウ**　⑦ **ア**と**イ**と**ウ**

問3　理想気体と実在気体に関する次の記述（Ⅰ～Ⅲ）について，正誤の組合せとして最も適当なものを，下の①～⑧のうちから一つ選べ。 3

Ⅰ　実在気体は，低温の条件下では分子間力の影響が小さくなる。

Ⅱ　理想気体は，冷却しても凝縮することはない。

Ⅲ　温度と圧力が同じ条件下で，一定量の水素は，同じ物質量の窒素よりも理想気体に近いふるまいをする。

	Ⅰ	Ⅱ	Ⅲ
①	正	正	正
②	正	正	誤
③	正	誤	正
④	正	誤	誤
⑤	誤	正	正
⑥	誤	正	誤
⑦	誤	誤	正
⑧	誤	誤	誤

問4　硫酸銅(Ⅱ)に関する次の問い(**a**・**b**)に答えよ。

a　硫酸銅(Ⅱ)五水和物の結晶 100 mg をとり，温度を上昇させながら質量の変化を記録したところ，図2の結果を得た。点 A の状態において存在する銅の化合物の化学式として最も適当なものを，下の①～⑥のうちから一つ選べ。 4

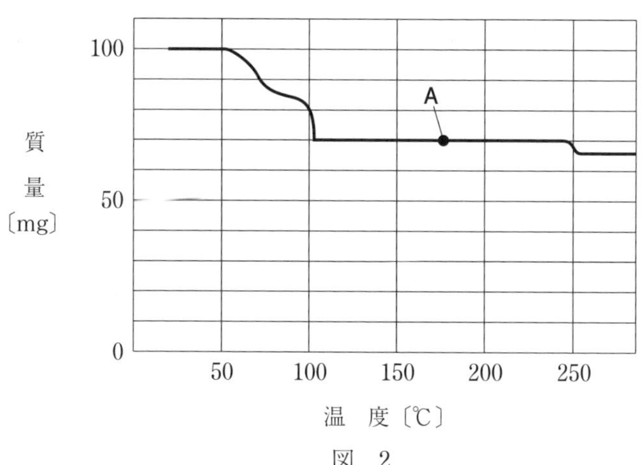

図　2

① CuO	② $CuSO_4$	③ $CuSO_4 \cdot H_2O$
④ $CuSO_4 \cdot 2\,H_2O$	⑤ $CuSO_4 \cdot 3\,H_2O$	⑥ $CuSO_4 \cdot 4\,H_2O$

b　図3は，硫酸銅(Ⅱ)無水物の水に対する溶解度曲線である。62.5 g の硫酸銅(Ⅱ)五水和物を 60 ℃の水に溶かして飽和水溶液をつくるとき，必要な水は何 g か。最も適当な数値を下の①～④のうちから一つ選べ。 5 g

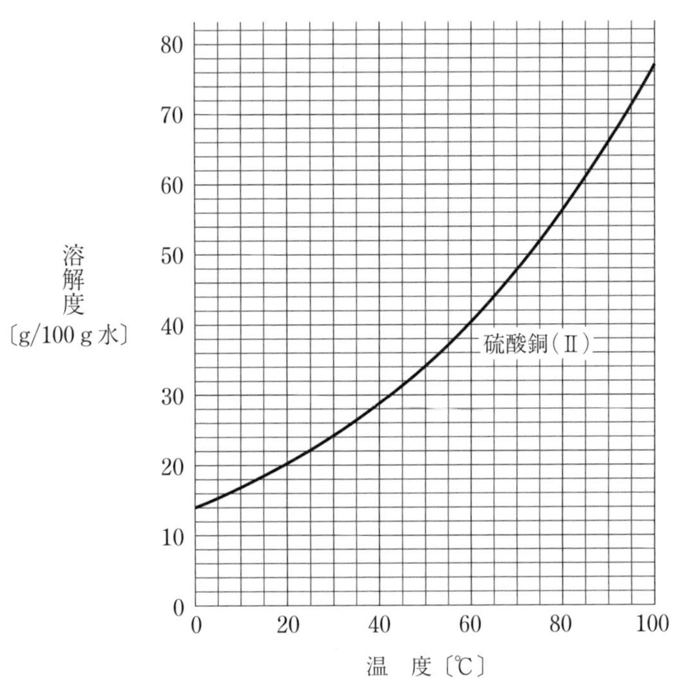

図3　硫酸銅(Ⅱ)無水物の溶解度曲線

① 22.5　② 77.5　③ 100　④ 156

第２問　次の問い(**問１～３**)に答えよ。(配点　20)

問１　ある１種類の物質を溶かした水溶液を，白金電極を用いて電気分解した。このとき，流れた電子の物質量と，各極または両極で発生した気体の合計の物質量が等しいとすると，溶かした物質として最も適当なものを，次の①～④のうちから一つ選べ。ただし，生成した気体の水溶液への溶解は無視できるものとする。［ 6 ］

① Na_2SO_4　　② $CuCl_2$　　③ $AgNO_3$　　④ $NaCl$

問 2　容積一定の密閉容器に水素とヨウ素を入れて放置したところ，式(1)で表される反応の平衡状態となった。

$$H_2 + I_2 \rightleftarrows 2\,HI \qquad (1)$$

この反応の正反応の反応速度 v_1 と逆反応の反応速度 v_2 は，それぞれ次のように表される。

$$v_1 = k_1[H_2][I_2]$$
$$v_2 = k_2[HI]^2$$

ここで，k_1 と k_2 は，反応速度定数である。この反応に関する記述として**誤りを含むもの**はどれか。最も適当なものを，次の①～④のうちから一つ選べ。ただし，式(1)の反応の正反応は発熱反応である。［ 7 ］

① 平衡状態では，v_1 と v_2 は等しい。

② 正反応の活性化エネルギーは，逆反応の活性化エネルギーよりも小さい。

③ 式(1)の反応の平衡定数 K は，$K = \dfrac{k_1}{k_2}$ で表される。

④ 温度を上げると，k_1 は小さくなる。

問3　溶解熱および中和熱について，次の問い(**a** ～ **c**)に答えよ。

a　硝酸アンモニウムの水に対する溶解熱は -26 kJ/mol である。硝酸アンモニウムの結晶を水に溶かしたときの記述として最も適当なものを，次の①～④のうちから一つ選べ。 8

①　熱量の放出に伴い，水溶液の温度が上がる。
②　熱量の放出に伴い，水溶液の温度が下がる。
③　熱量の吸収に伴い，水溶液の温度が上がる。
④　熱量の吸収に伴い，水溶液の温度が下がる。

b　20 ℃の水 50 mL を入れ，そこに固体の水酸化ナトリウム 2.0 g を加えて溶解させたところ，時間とともに水溶液の温度は表 1 のように変化した。逃げた熱量を補正した水溶液の温度変化〔K〕と，発生した熱量〔kJ〕の組合せとして最も適当なものを，下の①～⑥のうちから一つ選べ。ただし，水の密度は 1.0 g/cm^3，1.0 g の水溶液の温度を 1 K 上昇させるのに必要な熱量は 4.2 J とする。必要があれば，次ページの方眼紙を使うこと。 9

表　1

時間〔分〕	温度〔℃〕
1	24.0
2	29.0
3	28.5
4	28.0
5	27.5
6	27.0

	温度変化〔K〕	発生した熱量〔kJ〕
①	9.0	1.9
②	9.0	2.0
③	9.0	2.1
④	10.0	2.1
⑤	10.0	2.2
⑥	10.0	2.3

c　図1に1 molの硫酸，1 molの水酸化カリウムの結晶，およびその水溶液のエネルギーの関係を示す。この関係を用いて，1 molの硫酸とそれをちょうど中和することのできる水酸化カリウムの結晶を水に加えたときに発生する熱量の総和は何 kJ になるか。最も適切な数値を，下の①～⑤のうちから一つ選べ。ただし，硫酸水溶液と水酸化カリウム水溶液の中和熱は 57 kJ/mol とする。 10 kJ

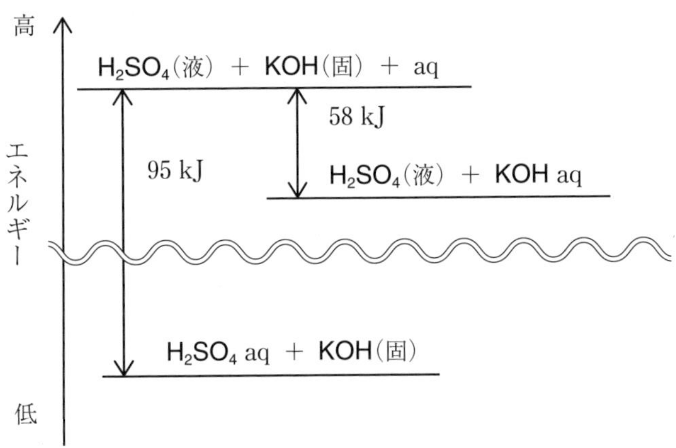

図1　硫酸，水酸化カリウムの結晶，およびその水溶液のエネルギーの関係

① 163　② 210　③ 267　④ 268　⑤ 325

第3問　次の問い(問1～3)に答えよ。(配点　20)

問1　次の記述(**ア**～**ウ**)の反応に関して，下の問い(**a**・**b**)に答えよ。

ア　硫化鉄(Ⅱ)に希硫酸を加える。
イ　塩化アンモニウムと水酸化カルシウムの混合物を加熱する。
ウ　塩素酸カリウムと酸化マンガン(Ⅳ)の混合物を加熱する。

a　発生した気体を上方置換で捕集するのが適当なものを，次の①～⑥のうちから一つ選べ。［11］

①　**ア**のみ　②　**イ**のみ　③　**ウ**のみ
④　**ア**と**イ**　⑤　**ア**と**ウ**　⑥　**イ**と**ウ**

b　発生した気体の乾燥剤として濃硫酸を用いるのが適当なものを，次の①～⑥のうちから一つ選べ。［12］

①　**ア**のみ　②　**イ**のみ　③　**ウ**のみ
④　**ア**と**イ**　⑤　**ア**と**ウ**　⑥　**イ**と**ウ**

問2　アルミニウムに関する記述として下線部に**誤りを含むもの**はどれか。最も適当なものを，次の①～④のうちから一つ選べ。 13

① アルミニウムイオンを含む水溶液に少量の水酸化ナトリウム水溶液を加えると，白色ゲル状沈殿を生じる。

② アルミニウムの単体を主成分とした合金であるジュラルミンは，航空機の機体などに利用されている。

③ 両性金属であり，単体は希塩酸にもアンモニア水にも溶解する。

④ ルビーやサファイアの主成分は，酸化アルミニウムである。

問3　NH_3 は分子中に存在する1組の非共有電子対を用いて金属イオンと配位結合し，錯イオンを形成することがある。例えば，Cu^{2+} および Ni^{2+} とは，錯イオン $[Cu(NH_3)_4]^{2+}$，$[Ni(NH_3)_6]^{2+}$ を形成する。一方，エチレンジアミン($NH_2-CH_2-CH_2-NH_2$)は，分子中に存在する2組の非共有電子対(●●)を用いて金属イオンと配位結合し，錯イオンを形成することがある。例えば，Cu^{2+} とは，図1に示す錯イオンを形成する。

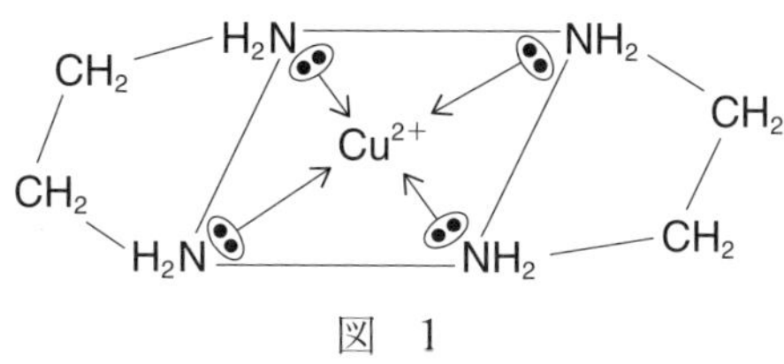

図　1

図1のような錯イオンを，特にキレート錯体といい，NH_3 などを配位子とした錯イオンと比べて安定度が高い。次の問い(**a** ～ **c**)に答えよ。

a　下線部に関連して，$[Cu(NH_3)_4]^{2+}$ の形と水溶液の色の組合せとして最も適当なものを，次の①～⑥のうちから一つ選べ。 14

	形	水溶液の色
①	正四面体形	無色
②	正四面体形	淡赤色
③	正四面体形	深青色
④	正方形	無色
⑤	正方形	淡赤色
⑥	正方形	深青色

b　図1に示すキレート錯体は，1つの Cu^{2+} に対して2分子のエチレンジアミンが配位結合している。エチレンジアミンと Ni^{2+} からなるキレート錯体において，1つの Ni^{2+} に対して配位結合するエチレンジアミンの分子数として最も適当な数値を，次の①～④のうちから一つ選べ。 15

①　2　　②　3　　③　4　　④　6

c　0.010 mol の Ni^{2+} を含む水溶液にアンモニア水を加えると，$Ni(OH)_2$ の沈殿を生じた。さらにアンモニア水を過剰に加えると，沈殿は溶解し，$[Ni(NH_3)_6]^{2+}$ を生じた。この水溶液に 2.0 mol/L のエチレンジアミン溶液を加え，$[Ni(NH_3)_6]^{2+}$ を分解して，すべての Ni^{2+} をキレート錯体とするのに必要なエチレンジアミン溶液の体積〔mL〕として最も適当な数値を，次の①～④のうちから一つ選べ。 16 mL

①　15　　②　30　　③　60　　④　90

第4問　次の問い(問1～5)に答えよ。(配点　20)

問1　次の記述(**a**・**b**)の両方に当てはまる化合物として最も適当なものを，下の①～⑥のうちから一つ選べ。 17

a　融点・沸点，および密度が等しい立体異性体が存在する。

b　水酸化ナトリウム水溶液とヨウ素を加えて温めると，黄色沈殿を生じる。

① $CH_3-C(=O)-O-CH_2-CH_3$　　② $CH_3-CH(CH_3)-C(=O)-CH_3$

③ $CH_3-CH(OH)-O-CH_2-CH_3$　　④ $CH_3-CH(CH_3)-CH(OH)-CH_3$

⑤ $CH_3-CH_2-C(=O)-CH_2-CH_3$　　⑥ $CH_3-CH_2-CH(OH)-CH_2-CH_3$

問2　セッケンに関する記述として**誤りを含むもの**はどれか。最も適当なものを，次の①～④のうちから一つ選べ。 18

①　水溶液は，弱塩基性である。

②　水溶液中では，疎水基の部分を内側に，親水基の部分を外側に向けた集合体を形成する。

③　界面活性剤であり，水の表面張力を抑える性質をもつ。

④　Na^+ や Ca^{2+} を多く含む水溶液中では，これらのイオンと水に難溶性の塩を形成するため，洗浄力が低下する。

問3　24.4 mg の芳香族化合物 X を完全燃焼させると，二酸化炭素 70.4 mg と水 18.0 mg が生成した。また，X のベンゼン環に結合した水素原子 1 つを塩素原子に置換した化合物には 2 種類の異性体が存在する。X の構造として最も適当なものを，次の①～⑥のうちから一つ選べ。 19

① CH_3, OH
② CH_3, OH
③ CH_3, OH
④ CH_2-CH_3, OH
⑤ CH_2-CH_3, OH
⑥ CH_2-CH_3, OH

問4　高分子化合物に関する記述として**誤りを含むもの**はどれか。最も適当なものを，次の①～④のうちから一つ選べ。 20

①　ポリビニルアルコールは，ビニルアルコールの付加重合によって得られる。

②　尿素樹脂は，熱硬化性樹脂である。

③　天然ゴム(生ゴム)に数％の硫黄を加えて加熱すると，分子内に架橋構造がつくられ，弾性が増す。

④　ポリアクリル酸ナトリウムは，吸水性が高く紙おむつなどに利用される。

問5　ナイロン66を合成するために次の**実験**を行った。この実験に関する下の問い(**a**・**b**)に答えよ。

実験

ビーカーに入った水20mLに固体の水酸化ナトリウムとヘキサメチレンジアミンを少量ずつ溶かし，水溶液Xを得た。試験管に入ったヘキサン10mLに，アジピン酸ジクロリドを少量溶かし，溶液Yを得た。溶液Xに溶液Yを注ぐと，二層に分離した。二層の境界面に生じた膜を，図1のようにピンセットで引き上げ，試験管に糸状のナイロン66を巻き取った。

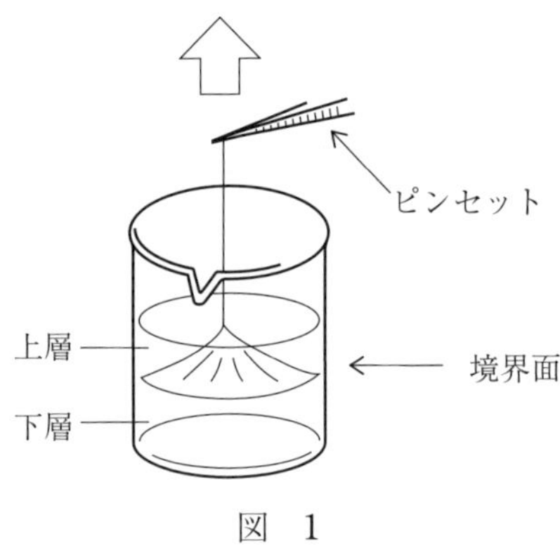

図　1

a　下線部において，水酸化ナトリウムを加える理由として最も適当なものを，次の①～④のうちから一つ選べ。 21

① ナイロン66を生成する反応の触媒としてはたらかせるため。
② 溶液Xと溶液Yを二層に分離させるため。
③ 水への溶解熱を利用して，水溶液の温度を上げるため。
④ 縮合によって生成する塩化水素を中和するため。

b　得られたナイロン 66 の構造式として最も適当なものを，次の①～⑤のうちから一つ選べ。 22

① $\left[\mathrm{N(H)-(CH_2)_4-C(=O)-N(H)-(CH_2)_6-C(=O)} \right]_n$

② $\left[\mathrm{C(=O)-(CH_2)_4-C(=O)-N(H)-(CH_2)_6-N(H)} \right]_n$

③ $\left[\mathrm{C(=O)-(CH_2)_6-C(=O)-N(H)-(CH_2)_4-N(H)} \right]_n$

④ $\left[\mathrm{C(=O)-(CH_2)_6-C(=O)-N(H)-(CH_2)_6-N(H)} \right]_n$

⑤ $\left[\mathrm{N(H)-(CH_2)_6-C(=O)-N(H)-(CH_2)_6-C(=O)} \right]_n$

第5問　メタンに関する次の問い(**問1～3**)に答えよ。(配点　20)

問1　メタンハイドレートは，図1に示すように，メタン分子を水分子が囲んだ構造をもつ天然に存在する固体物質である。

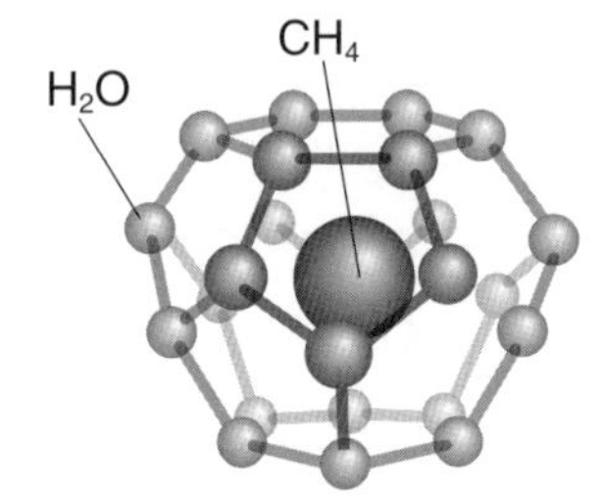

図1　メタンハイドレートの構造

メタンは石油などに比べて燃焼時の二酸化炭素排出量が低いことから，メタンハイドレートは次世代の燃料として期待されている。メタンハイドレートを用いた**実験**に関する問い(**a**～**c**)に答えよ。

実験　ある量の(i)メタンハイドレートの結晶を，図2に示すようにピストン付きの容器に入れた。このとき，容器の中にはメタンハイドレートの結晶以外の物質は含まれていない。この状態から，容器内を27℃，1.0×10^5 Paに保ったところ，メタンハイドレートの結晶はすべて分解し，液体の水，水蒸気，気体のメタンが共存する(ii)平衡状態となった。

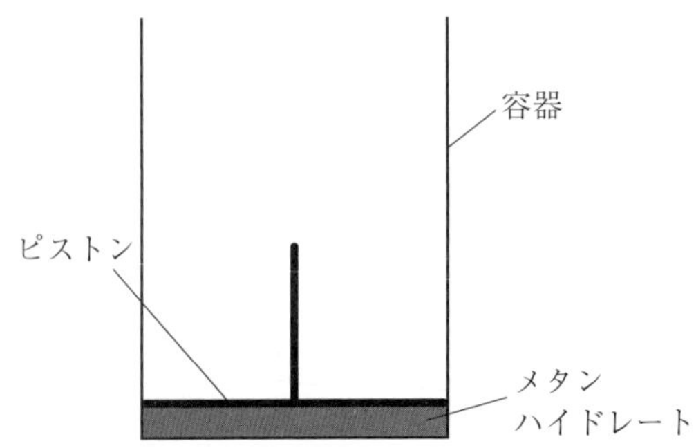

図2　メタンハイドレートを入れた容器

a　下線部(i)に関連して，メタンハイドレートの結晶の単位格子が一辺a〔cm〕の立方体であり，単位格子中に46個の水分子と8個のメタン分子を含むものとすると，メタンハイドレートの結晶の密度d〔g/cm^3〕を表す式として最も適当なものを，次の①～⑥のうちから一つ選べ。ただし，アボガドロ定数はN_A〔/mol〕とする。 23 g/cm^3

① $\dfrac{918}{N_A a^3}$　② $\dfrac{956}{N_A a^3}$　③ $\dfrac{1836}{N_A a^3}$

④ $\dfrac{55N_A}{23a^3}$　⑤ $\dfrac{25N_A}{18a^3}$　⑥ $\dfrac{17N_A}{27a^3}$

b　下線部(ii)の平衡状態において，容器内の気体の体積が2.0 Lであるとすると，気体として存在するメタンの物質量は何molか。最も適当な数値を，次の①～⑤のうちから一つ選びなさい。ただし，気体定数は$R = 8.3 \times 10^3$ Pa·L/(mol·K)，27 ℃における水の蒸気圧は3.6×10^3 Paとする。
24 mol

① 3.2×10^{-2}　② 5.1×10^{-2}　③ 7.7×10^{-2}
④ 8.0×10^{-2}　⑤ 9.8×10^{-2}

c　メタンの燃焼熱を890 kJ/molとすると，**実験**で用いたメタンハイドレートに含まれるメタンの完全燃焼によって得られる熱量〔kJ〕を有効数字2桁で次の形式で表すとき， 25 ～ 27 に当てはまる数字を，次の①～⑩のうちから一つずつ選べ。ただし，同じものを繰り返し選んでもよい。なお，この実験ではメタンの水への溶解は無視できるものとする。

25 . 26 × 10^27 kJ

① 1　② 2　③ 3　④ 4　⑤ 5
⑥ 6　⑦ 7　⑧ 8　⑨ 9　⓪ 0

問2　図3は，メタンと水がメタンハイドレートに変化する温度と圧力を示しており，**領域Ⅰ**はメタンと水の状態，**領域Ⅱ**はメタンハイドレートの状態である。なお，曲線上はメタンハイドレートの生成と分解の平衡状態となっている。図3に示された範囲において，**領域Ⅱ**に存在するメタンハイドレートを減圧により分解してメタンを取り出す場合，分解が吸熱反応であるためにメタンの収率が低下することがある。収率が低下する理由を述べている記述として最も適当なものを，下の①～④のうちから一つ選べ。 28

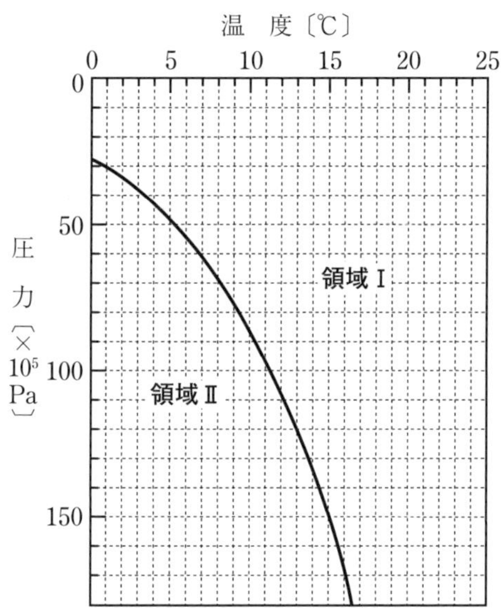

図3　メタンと水がメタンハイドレートに変化する温度と圧力

① 分解によって生じたメタンの大部分が，同時に生成した水に溶解してしまうから。

② 分解によって生じたメタンが冷やされて凝縮してしまうから。

③ 減圧によってメタンハイドレートを分解するにはより低い温度に保ち続ける必要があり，分解反応が進みにくいから。

④ メタンハイドレートを分解した後，再びメタンハイドレートが生成してしまうから。

問3　メタンを実験室で発生させるときの操作と発生・捕集装置の組合せとして最も適当なものを，下の①～⑥のうちから一つ選べ。 29

〔**操作**〕

ア　酢酸ナトリウムと水酸化ナトリウムの混合物を加熱する。

イ　酢酸カルシウムを加熱する。

〔**発生・捕集装置**〕

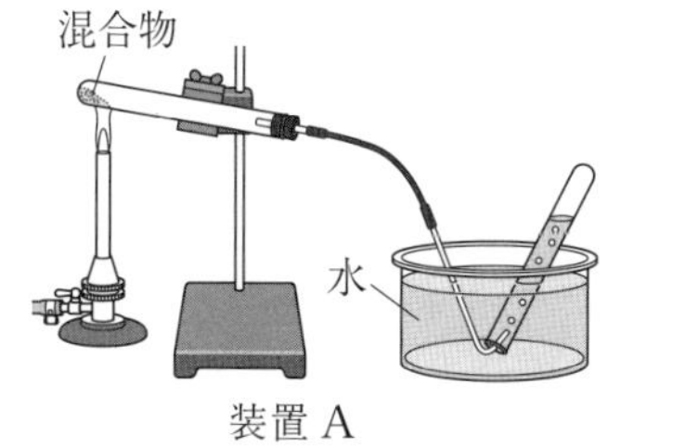

装置A

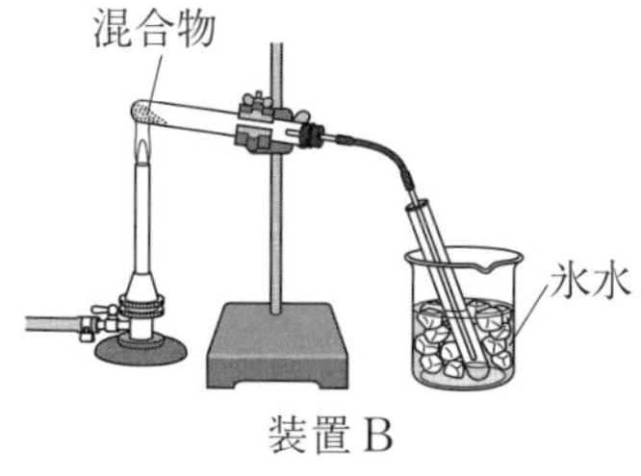

装置B

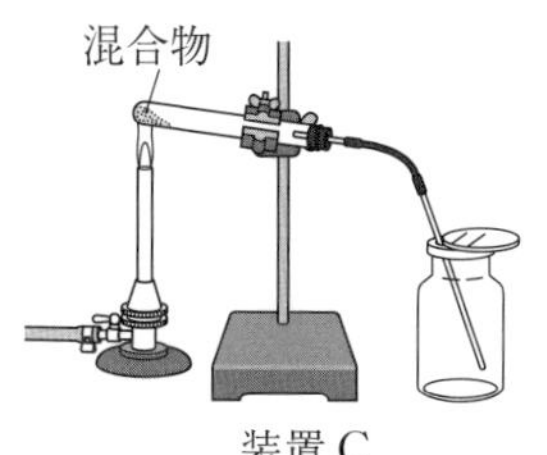

装置C

	操　作	発生・捕集装置
①	ア	装置A
②	ア	装置B
③	ア	装置C
④	イ	装置A
⑤	イ	装置B
⑥	イ	装置C